Der "Klick" im Kopf zum Hundeglück

oder

Was Mensch wissen muss,
damit Hund können kann

©

AnRoSi Verlag

Redaktion: Simone Wagner
Entwurf:: Annika Wagner
Umschlag: Mediendesign Küspert
Lektoren: Dr. Fabienne Feller-Geißdörfer, Rolf Wagner
Autor: Simone Werth

Vielen Dank für Mithilfe und Mutmachen:
Sabine Meyer, www.hundepension-fuerth.de, Dietmar Meyer, www.hundeschule-fuerth.de, Züchter: Pia Groß, www.elos-de-la-belle-vie.de, Hunde-Anfänger: Djanet Jukovic, Hunde-Besitzer: Joschi-Herrchen Ralf, Gerhild Herold, Nicht-Hundebesitzer: Ursula Köwer

Fotos:
Sophie Arnold, Lisa Brodka, Johannes Bürger, Ingrid Fischer-Holve, Marion Griebel, Claudia Haas, Sarah Huber, Tanja Kreimendahl, Josef Maier , Frau Mäuschen, Sabine Meyer, Frank Noll, Heike Schulz , Cordelia Varnholt, Petra Wanner-Sauter, Annika Wagner, Rolf Wagner, Simone Wagner

AnRoSi© Verlag

www.AnRoSi-Verlag.de

2. überarbeitete Auflage 2012

ISBN 978-3-9814115-1-5

Projektberatung
www.mediendesign-kuespert.de

Inhaltsverzeichnis

Es gibt hier extra keine Unterpunkte, um einzelne Abfolgen schneller finden zu können – denn nach dem erfolgreichen Lesen des „Klicks" können Sie in jeder Sachlage richtig handeln.

VORWORT

"Das Wort Konsequenz verliert an Bedrohung". Das allein sollte Anlass genug sein, dieses Buch vom ersten bis zum letzten Satz zu lesen. Denn das Wort "Konsequenz" schwebt wie ein Schwert über unseren Köpfen - immer bereit zu richten oder uns zu erdrücken, mit der Last des "Ich-muss-immer-konsequent-sein-Verhaltens". Doch wo bleibt unser Bauchgefühl und spontanes Handeln, wenn immer erst der Kopf eingeschaltet werden soll? Beeinflusst von Medien, anderen Hundehaltern, Nachbarn oder „Hundeprofis" verzweifeln nicht nur Neuhundehalter anhand der Fülle gutgemeinter Ratschläge – schade nur, dass diese nicht immer konform gehen. Derart verunsichert klammert man sich dann an festgelegte Methoden in der Hundeerziehung, mit zum Teil sonderbaren „Vorschriften", welche keinen Raum für Individualität lassen und das Korsett der eigenen Persönlichkeit zwangsläufig immer enger schnüren.

Bauchgefühl - oder etwas fachlicher ausgedrückt Intuition - ist jedoch eines der wichtigsten Hilfsmittel in der Hundeerziehung. Und genau an dieser Stelle setzt Simone mit dem "Klick" an. Er ist ein „etwas anderer Ratgeber", denn Simone appelliert an die in jedem von uns steckende Intuition.

Als wir Simone vor ein paar Wochen auf einem praktischen Workshop mit ihrer Hündin Candy sahen, demonstrierte sie das unbewusst "live". Auf das unerwünschte Verhalten "anspringen" reagierte sie spontan und unbewusst mit der richtigen Körpersprache, die ihre Hündin auch sofort "wohlwollend zur Kenntnis nahm" und sich brav setzte. Erst bei der anschließenden Videobesprechung wurde Simone bewusst, dass sie gehandelt hat – ohne großartig darüber nachzudenken. Wer Simone kennt, kann sich jetzt sehr lebhaft vorstellen, wie sie auf die Videoleinwand schaute und überrascht fragte "Wie, was hab ich denn da gemacht?" Genau mit dieser Leichtigkeit und Selbstverständlichkeit hat Simone ihr Buch geschrieben. Sie geht in ihrer wahren Geschichte auf ein konkretes Bespiel ein, weist aber immer wieder darauf hin, dass die Dinge in einem anderen "Fall" schon wieder ganz anders laufen können. Individualität ist das zweite "I-Wort", welches rein sachlich gesehen, aus der Hundeerziehung gar nicht wegzudenken ist.

Jedes Mensch-Hund-Team ist dabei als individuell gewachsene Beziehung zu betrachten. Menschen haben unterschiedliche Erfahrungen mit Hunden gesammelt, haben eigene Vorstellungen vom Alltag mit ihrem Hund. "Der Klick im Kopf zum Hundeglück" respektiert genau diese Individualität und verzichtet auf den erhobenen Zeigefinger mit den vielen "Vorschriften". Simone weist auf Grenzen hin und auch auf die Notwendigkeit, sich abzugrenzen. Sie lässt aber soviel Spielraum zu, dass jede(r) Hundehalter(in) seine ganz persönlichen Grenzen dort ziehen kann, wo es ihm/ihr passt. Die Autorin hat sich im Laufe der Jahre, in denen sie mit Hunden zusammenlebt, sehr viel Wissen angeeignet. Sie gibt sich nie mit unklaren Antworten zufrieden, sondern bohrt nach und will es genau wissen. Sozusagen ein Terrier unter den Menschen, hat dabei aber nie ihre Menschlichkeit und Offenheit verloren und sich auch ihr Bauchgefühl und ihre Spontanität bewahrt. Und genau davon wird sie Ihnen ein Stück abgeben, wenn Sie dieses Buch lesen. Nehmen Sie dieses Geschenk an - es ist im „Klick" inbegriffen.

Wir sind Simone sehr dankbar für den "Klick im Kopf zum Hundeglück". Geschrieben ist es aus dem Leben für das Leben - für das Leben mit Hund. Und letztendlich für den Hund. Denn dieser würde sich, wenn er denn könnte, bei Simone bedanken. Sie trägt ein Stück dazu bei, dass die Mensch-Hund-Beziehung gut verläuft und dass sie geklärt ist - zum Wohle eines zufriedenen und ausgeglichenen Hundes.

Sabine und Dietmar Meyer

Hundecentrum Fürth

Kapitel 1 – Die Entstehung

Ein großes HALLO sende ich an die Leser dieses Buches von der Terrasse unseres Ferienhauses bei Hamburg. Mein Mann hat hier Termine und ich nutze die Zeit, um dieses Buch zu schreiben. Es ist Anfang Juli, total warm und unsere vier Hunde liegen faul um mich rum. Ich stelle meine Familie und mich hier kurz vor, damit Sie wissen, wer Ihnen hier zum „Klick" verhilft. Und dann legen wir auch sofort los:

Danke sage ich: meinem Mann, der gar nix von mir hat in diesen Tagen (vielleicht sogar froh ist drüber), Getränke und Essen besorgt und mich hier wurschteln lässt.
Danke unserer Tochter Annika, die bei uns zu Hause (fast) immer ohne zu motzen Dinge erledigt, zu denen ich als Züchter während der Welpenzeit nicht komme. Danke an alle liebenswerten Familien, die so viel Freude über ihre - unsere - Schätze zeigen. Die aber auch schwierige Phasen mit mir teilen und ich mit ihnen selbst diesen Weg gemeinsam gehen kann. Danke auch der Familie von unserem Helden Takeo hier. Ohne sie wäre dieses Buch nie entstanden. So können wir noch vielen, vielen weiteren Hundehaltern einen glücklicheren Start ermöglichen – oder eben noch auf die richtige Bahn schieben. Und natürlich ein großes DANKE an unsere braven Hunde, die, während ich das alles niederschreibe, überdenke, ändere, Fotos einfüge, einfach willenlos diese Ruhe dulden - oder vielleicht sogar genießen?

Wir wohnen jetzt seit 19 Jahren im eigenen Häuschen mit Garten in einem Vorort von Nürnberg. „Wir" sind: mein Mann Rolf, in der IT-Branche tätig und außer für das tägliche sichere Brot auch noch für alle baulichen Aktivitäten rund ums Haus und um die Hunde zuständig. Unsere fast 20jährige Tochter Annika (Jessas, wie die Zeit vergeht), ist Bürokauffrau, sie wohnt noch bei uns. Die meiste Zeit kommen wir recht gut miteinander klar. Sie ist in Sachen Hund schon sehr erfahren, da sozusagen „in der Wurfkiste aufgewachsen."

Unser Ferienhaus bei Hamburg

Menschen, die keine Hunde mögen, werden dies hier hoffentlich nicht lesen – es werden noch einige merkwürdige Vergleiche zwischen Kind und Hund auftauchen. Diese Vergleiche dienen nur zum Finden des „Klicks". Natürlich kann nicht alles im Hunde(welpen)leben mit einem Menschen(kinder)leben verglichen werden.

Annika vorgestern, gestern und heute

Ich selbst, Simone, habe Werbekauffrau gelernt, arbeite aber seit vielen Jahren selbstständig zuhause als Unikatrahmen-Malerin. Dadurch kann ich mir die Zeit für unsere Hunde und die Zucht prima einteilen. Weiterhin bin ich in der Elo® Zucht- und Forschungsgemeinschaft (EZFG e.V.) für die Welpenvermittlung tätig und als Zuchtwart in meinem Umkreis gerne für die Zuchtstätten- und Wurfabnahme zuständig. Welpen-Interessenten und -Besitzern stehe ich mit Rat und Tat zur Seite. Den Markenhund Elo® gibt es jetzt seit 1987, und ich bin der Begründerfamilie Marita und Heinz Szobries sehr dankbar, dass sie diesen wunderbaren Hund „erschufen".

Es ist vorrangig eine Wesenszucht, die einen problemlosen, ruhigen, leicht erziehbaren Familienhund hervorbringt. Eben einen fröhlichen Hund, der den Tag so nimmt, wie er ist. Selbstverständlich wird auch auf die Gesundheit der Elterntiere großen Wert gelegt. Den Elo® gibt es in klein und groß und in zwei Haartypen: rau und glatt.

Unsere jetzigen hündischen Lebensbegleiter sind: unsere älteste Dame Roxy (13,5 Jahre) und die Hündin Lolli (8), seit kurzem laut unserer Vereinssatzung - und vor allen Dingen wohlverdient - aus der Zucht. Dann sind hier noch Lollis Tochter Jumi (3) und unsere Candy, (1,5) Jahre jung.

Weiter wohnen mit uns das Kaninchen Snubba (7), ein Meerschwein-Männchen Tschilly, (4), der Wasserschildkröterich Leonardo (16) und mehrere Fische (No Name, Paula, Hartmut 1 – 5) im Gartenteich. Und, unser neuester Zuwachs, eine kleine Katzendame namens Shisha, gerade mal neun Wochen jung. Die Meerdame Blackfoot (3) kam erst später hinzu.

Rolf mit Lolli und Candy

Roxy. Jumi. Lolli und Candy

Simone und Annika

Shisha

Leo(nardo)

Snubba

Tschilly

Wir selbst haben mittlerweile in elf Züchter-Jahren 76 Welpen an die unterschiedlichsten Familien abgegeben. Fast immer beweisen wir eine glückliche Hand in der Auswahl der neuen Besitzer. Ausnahmen bestätigen leider die Regel. Womit ich ausdrücklich NICHT die Familie meine, durch die dieses Buch entstanden ist!!! Unsere Zuchtstätte heißt seit 2012 „von Werths Echte", nach meinem Mädchennamen Werth benannt. (Vorher "von Werthers Echte", die Ahnentafeln der bis 2011 geborenen Welpen bleiben mit dem alten Namen bestehen).

Nahezu seit meiner Geburt beschäftige ich mich mit dem Thema Hund. Da meine Eltern keinen erlaubten, „erzog" ich bereits sehr früh schon Meerschweinchen und Mäuse, immer mit Hilfe von Futter. Dann führte ich verschiedene Hunde aus und übernahm teilweise die Erziehung. Dies ging von Lang- und Rauhaardackel über Deutsch Drahthaar, Deutschem Schäferhund bis hin zum Labbi-Mix.

Es gab damals noch kein Internet, auch hatte ich kein Geld, um mir Hundebücher zu kaufen. So erkundigte ich mich eben persönlich (einfach die Besitzer angequatscht) über alle möglichen Rassen, wichtig waren mir dabei immer die Wesenseigenschaften einer Rasse bzw. auch von Mischlingen, deren Eltern bekannt waren. Später übte ich endlich mit den eigenen Hunden, natürlich beging ich viele Fehler. Leider ist unser erster eigener Hund, eine Coton de Tulear-Hündin, durch wirklich sehr unglücklich aneinandergereihte Ereignisse mit nur acht Jahren überfahren worden.

Das schreckliche Ereignis werde ich mein ganzes Leben lang mit mir tragen – und daher sollte Ihre erste Überlegung sein: Niemals einem Kind diese Verantwortung zu überlassen und es allein mit einem Hund loszuschicken. Damit es nicht so eine Last schleppen muss, wenn ein Unglück geschieht.

Mit unserer Bonnie begannen wir damals mit der Zucht – wir wurden Schritt für Schritt von ihrer Züchterin und dem damaligen Verein begleitet und hatten drei wunderbare Würfe mit ihr. Ich hatte die Hündin damals in der Arbeit dabei. Als ich dann halbtags einen Job bekam, konnten wir mit unserem ersten Wurf beginnen. Mein Chef ließ mich jeden Tag zwischendurch nach Hause fahren, ich war in fünf Minuten bei der Hundemama, so dass die Betreuung gesichert war. Bonnie war ein klasse Hund, wir und viele Freunde von uns denken noch oft an sie.

Unser zweiter eigener Hund, eine energiegeladene Hovawart-Hündin namens Momo, war nicht die richtige Wahl für unsere damals junge Familie mit kleinem Kind. Momo holten wir zu Bonnie dazu, als unser Haus fertig und unsere Tochter drei Jahre alt war. Ich nahm mir viel Zeit für Momo, sie blieb ihr Leben lang ein Ein-Mann-, bzw. Ein-Frau-Hund. Mit Kindern war sie schwierig, auch hatten viele Angst vor ihr, sie war zudem auch noch groß und pechschwarz. Wenn ich an sie zurückdenke, sehe ich einen sehr lebensfrohen Hund pfeilschnell mit einem riesigen Grinsen durch unser hochwassergeflutetes Wiesental sausen. Das liebte sie total.

Wir hatten zwischendurch auch ernsthaft überlegt, sie abzugeben – konnten aber keinen geeigneten neuen Halter finden, der für sie ein „besserer" Besitzer gewesen wäre. So hatten wir natürlich auch mit ihr viele glückliche Momente, bis sie, gerade mal 11jährig, sehr überraschend einschlief und einfach nicht mehr aufwachte.

Bonnie

Momo

Als ich schon selbst Hunde hatte, belegte ich sehr aufmerksam viele Seminare der unterschiedlichsten Dozenten, las, unterhielt mich mit bestimmt hunderten Hundebesitzern und, und, und. Bisher sind zehn eigene Welpen bei uns groß geworden und wurden von uns erzogen.

Dies ist kein Buch, in dem „meine Thesen" wissenschaftlich bewiesen sind... wenn doch, ist es eher zufällig. Ich berufe mich auf langjährige Erfahrung, ja schon jahrzehntelangem regen Austausch mit vielen Hundebesitzern. Natürlich halfen mir auch die vielen guten langjährigen Verbindungen zu unseren Welpenkäufern. Ganz entschieden zur Entstehung des „Klicks" beigetragen hat meine „Lieblings-Hundeschule", die ich seit vielen Jahren regelmäßig besuche: mit meinen eigenen Welpen, mit Welpen, die ich etwas länger behalte, mit Urlaubshunden und schließlich mit meinen erwachsenen Hunden. Wir gehen in verschiedene Gruppenstunden die angeboten werden, an den unterschiedlichsten Orten – vom Hundeplatz über Waldgebiete bis hin zum Stadtgang. Sicher, man kann als Landei sagen „mein Hund muss nicht in die Stadt". Oder als Städter „mein Hund hat hier eine große Hundewiese, er muss nicht wissen, wie man keinen Hasen jagt, denn es gibt hier keine".
Schon hier haben wir aber den ersten Ansatz zur Fehlentscheidung. Nämlich, dass es eben nicht nur darum geht, einen Hund stadt- oder landtauglich zu machen – sondern um verschiedene Eindrücke, Selbstbewusstsein, Sicherheit, Bindung, Spaß, Regeln, Gehorsam, Unterscheidungen, Eigenständigkeit, Weitblick, Grenzen, Unterschiedlichkeit, Entgegenkommen, Auseinandersetzungen, Frieden...

Es ist wirklich nicht einfach, die richtige Einteilung zwischen aufmunterndem Anspornen, dann wieder dem Bremsen des Hundes, zwischen notwendiger Ernsthaftigkeit und dem auch so wichtigen Freiraum zu finden.

Nach vielen Jahren „gemeinsamen Hunde-Erziehens" bleiben da spannende Gespräche mit den Ausbildern über die verschiedensten Sichtweisen nicht aus. Trotzdem gehen wir gemeinsam schon lange Wege, immer neugierig auf andere Erfahrungen und neue Ansätze.

Ich möchte, dass der „Hund an sich" verstanden wird, die Feinheiten werden dann zusammen mit einer gut geführten Hundeschule Ihrer Wahl „erarbeitet". Auch Deutungen von mir werden Sie hier finden – meist aber nur im jeweiligen Text zu den Fotos.

Ja, und ich weiß, es gibt bereits viele Bücher über Hundeerziehung. Schwer lesbare, sehr fachliche, nett und einfach geschriebene, über "schwierige" Hunde, und, und, und. Jeder hat irgendwie Recht. Aus all diesen Büchern kann man sich nützliche Dinge ziehen, die für sich und seinen Hund geeignet erscheinen und umgesetzt werden möchten. So eben auch aus diesem Buch. Nur zu. Wie heißt es so schön? Wer heilt, hat Recht.

Alessi, Candy, Lolli, Roxy und Jumi

Wer Grenzen richtig stecken kann, kann sich auch durchsetzen, da er klar und unmissverständlich ist. Der „Klick" kann nicht nur Ersthundehaltern helfen, sondern auch Menschen, die den x-ten Hund haben und der auch wieder nicht so umgänglich ist, wie der vom Nachbarn – wo verflixt liegt denn da bitte die Kunst?

Auch macht der „Klick" Sinn, wenn sie von irgendwoher einen älteren Hund aufgenommen haben. Selbstverständlich ist eine „Gewohnheitsveränderung" auch bei einem älteren Hund möglich, gar keine Frage. Denn auch ein Hund lernt sein ganzes Leben. Es dauert später nur etwas länger. Wie zum Teufel mache ich das, wenn der Hund doch gar kein deutsch, ich aber kein hündisch spreche? Sie brauchen sich auch um Himmels Willen nicht verhalten wie ein Hund – nur sollten Sie wissen, wie er eben tickt. Deswegen gibt es auch so viele Hundebücher. Und Kochbücher. Und viele andere Bücher.

Mit der Hundeschule in Bayrischzell

Was Sie mit diesem „Klick" lernen: Das Wort KONSEQUENZ wird bis zum Ende des Buches – bitte beharrlich, unbeirrt, ja, eigentlich stur auch bis zum Schluss lesen – seine Bedrohlichkeit verlieren. Sie werden das Gefühl dafür entwickeln, welche Situation Sie als Mensch unverdrossen und dann wirklich nur „eine Zeit lang" (geht beim Hund wesentlich schneller vorbei als beim Kind) begleiten müssen, und wie Sie sich und dem Hund tatsächlich auch von Anfang an „freigeben" und später alles lockerer handhaben können.

Es soll sogar Menschen geben, die ohne all das auskommen, diese Gabe suche ich bis heute bei mir. Diese Menschen „führen", sie brauchen für die ersten Lernschritte kein Leckerli. Nur ihre Ausstrahlung. Diese Menschen dürfen jetzt schon glücklich sein, dieses Buch weg legen und ihren Hund mal zu sich aufs Sofa holen.

Und, es soll Menschen geben, die grundsätzlich viel über Erziehung wissen, aber die „innere Eingebung" - warum auch immer - nicht besitzen, dieses Wissen im wirklichen Leben umzusetzen. Chancenlos bis jetzt. Da haben auch einige Menschenkinder-Eltern so ihre Probleme mit.

Jumi und Annika

Deshalb gibt es ja jetzt den „Klick" zum Hundeglück. Ich erzähle hier auch nix Neues – nur anders „verpackt". Eben wirklich durchführbar für Familienhunde-Menschen. Sie brauchen ihn dann „nur" noch ausführen: den „Klick".

Selbstverständlich spielt auch der Ursprung des Hundes eine große Bedeutung – wofür wurden die verschiedenen Rassen vor vielen hundert Jahren gezüchtet? Stammt Ihr Welpe aus einer Arbeitszucht, dann ist er gewissermaßen ein „Kämpfer". Oder ist er aus einer „Schönheitszucht", da wurde auf eine Arbeitseigenschaft keinen Wert gelegt. Heißt, das Ziel ist verkümmert. Hier wurde aber auch nicht drauf geachtet, ob nun zwei eher ängstliche oder zwei streitbare Hunde mit einander verpaart wurden. Das Aussehen stand im Vordergrund. Auf gesundheitliche Umstände wird schon seit Längerem mehr Wert gelegt, Gott sei Dank findet da endlich ein Umdenken statt. Auch auf das Wesen wird in guten Zuchten mehr und mehr geachtet.

Sicherlich ist auch aus diesem Buch nicht alles 1:1 auf alle anderen Hunde und Menschen dieser Welt übertragbar. Soll heißen: Nicht verzagen, manche Hunde haben aufgrund ihrer vererbten Eigenschaften mehr Dickkopf, manche „blödeln" sehr lange, werden erst dreijährig langsam erwachsen und haben nur Quatsch im Kopf, manche lassen sich sehr schnell ärgern, manche haben unbändige Energie... Wenn Sie Ihren Hund behalten wollen, müssen Sie da jetzt durch! In besonderer Weise sollten Sie also auch die Einstellung eines jeden Familienmitgliedes und das Wesen des Hundes berücksichtigen.

Einfach so...

Manchmal ziehen Leckerli auch nicht. Jetzt nicht denken „och, da hilft mir dann das Buch ja auch nich weiter" – andere Möglichkeiten suchen, so kommen Sie mit dem ersten Schritt zum „Klick". Unsere Hovawart-Hündin nahm einfach keine Belohnungs-Leckerli. Ganz doof, wenn man da aufgibt. Wir haben dann Lernen, Grenzensetzen und Belohnen auf einen Ball umgeleitet, hat auch hervorragend geklappt. Oder es wird eben ein Belohnungsspiel, oder genau das, was Sie zusammen mit Ihrem Hund entwickeln.

Genauso wie es sehr weiche oder eigenständige Hunde gibt, gibt es auch solche Familien. Wenn nun eine – sagen wir mal Weichei-Familie – auch noch einen Weichei-Hund hat und nicht über den „Klick" verfügt... schade für alle Beteiligten. Ein drahtiger Jagdhund in Privathand verlangt andere Beschäftigungsmöglichkeiten als ein kurzbeiniger Klops (nein, ich spreche hier keine besondere Hunderasse an!!!) , der sich vielleicht auch über etwas mehr Unternehmungsgeist seiner Besitzer freuen würde. Je nach ausgeguckter Rasse und ihren angezüchteten Eigenschaften, nach den bereits vorhandenen „Eignungen" der Familie, kann das Glück mit dem „Klick" erst etwas später kommen. Vielleicht hilft es auch, einige Abschnitte hier mehrmals zu lesen. Beim Hund weiß ich, dass Wiederholungen Hirnwindungen erweitern. Oder man ist einfach zu schlau für diese Welt. Denkt zu mühevoll verzwickt. Glaubt, wenn man einen Fehler macht, ist alles dahin. Ist es nicht. Nach dem „Klick" ist Ihr neues Hunde-Wissen immer und überall einsetzbar.

Hat man sich vor der Hunde-Anschaffung schon Gedanken gemacht, wie das Leben mit Hund eigentlich aussehen soll? Hätte man gerne einen „anständigen" Hund gehabt, der einen sowohl problemlos im Leben begleitet, aber auch mal still warten kann? Es liegt nicht nur daran, dass Ihr Mix ein bellfreudiger Dickkopf mit enormer Fähigkeit zur Einfältigkeit gepaart mit stundenlanger Spielfreudigkeit ist.

Und noch gaaanz wichtig: Erst, wenn Sie das Buch zu Ende gelesen haben, fangen Sie an, was zu ändern!!! Nicht jetzt einen Absatz lesen und dann ausprobieren – NEIN, DAS GEHT GANZ SICHER DANEBEN!!! Erst das ganze Buch lesen, dann Schritt für Schritt ändern – nicht alles auf einmal umkrempeln. Sie UND Ihr Hund wären damit völlig überfordert. Also, noch kurz gedulden, bis Buch fertig, auch wenn Sie gerade voll Tatendrang stecken. Danke. Wuff.

„Klick" muss es machen. Es helfen Ihnen keine noch so guten Erziehungsbücher, wenn Sie erst in einem der vorhandenen Bücher überreizt versuchen nachzuschlagen, wo hatte ich denn nochmal gelesen, was zu tun ist, wenn Hund sich auf der Hundespielwiese nicht mehr abrufen lässt? Das müssen Sie auch nicht mehr nachblättern, wenn Sie den ersehnten „Klick" im Kopf haben.

Moggi-Schatzi beim Wiegen

Wer sind denn Waldorf und Statler?

Keine Ahnung, nie gehört.

Unsere „Italiener": Giotto, Gucci, Gianno

„Terrassenfäule"

Kapitel 2 – Die Werths-Echte-Hunde-Tipps

Alle Interessenten bekommen von mir, wenn wir uns denn im Großen und Ganzen über den weiteren Lebensweg des Welpen einig geworden sind, eine Art „Zusammenfassung" über das Wichtigste im ersten Welpenjahr. Wenn irgend geht, BEVOR der Welpe einzieht. So können sie vorab schon mal lesen, überdenken, Fragen stellen und auch Dinge anders sehen. Beim nächsten Besuch der angehenden Welpenbesitzer schreiben wir dann eine „Ex". Wenn mit mindestens Note 2 bestanden, weiß dann die jeweilige Familie, welches Fellteilchen ihres sein wird *hüstel*.

Unsere K-chens (Klein-Elo) und L-chens (Groß-Elo) zusammen im Freigehege

Jetzt aber zu meinen Tipps, die ich aus MEINER Erfahrung in aller möglichen Kürze, aber mit allen nötigen Worten, zusammengestellt habe.

Wie man das dann einem Hund beibringt, sozusagen das „Einmaleins" der Hundeerziehung, zeige ich live, wenn die Leute da sind (wenn gewünscht, natürlich. Manchmal auch „ungewünscht" *räusper*).

Natürlich kann ich das Erziehen nur anreißen, es zeigt sich aber im richtigen Leben, dass der so vorbereitete frischgebackene Hundehalter in den Welpenübungsstunden der ausgesuchten Hundeschule – in der Regel – schneller neues Wissen umsetzen kann. Und selbstverständlich sprechen wir zusätzlich noch ausführlich mit jeder Familie genau über ihre Belange und die gemeinsamen Bedürfnisse mit Hund.

Ach ja – unbedingt die Tipps auch lesen, wenn Sie schon einen älteren Hund haben – denn alles baut aufeinander auf. Und, nahezu alles ist auch mit einem Schnösel oder erwachsenem Hund umsetzbar.

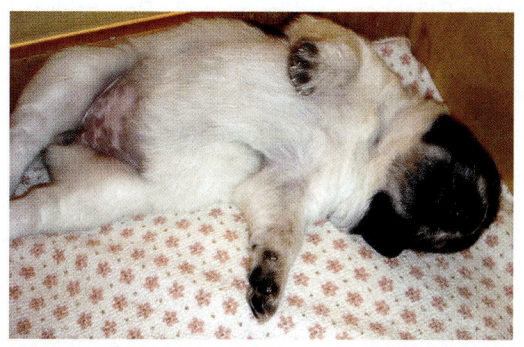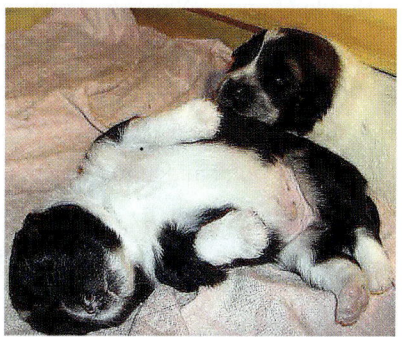

Ich verwende gerne das Wort „Befehl" in Sachen Hund. Klingt vielleicht etwas „altertümlich", unterstreicht aber das Klare, Direkte, Wesentliche, das ein Hund gerne von uns Menschen hätte.

Wer jetzt schon über das Foto meckern möchte, auf dem alle Welpen aus einem Napf fressen: Wir hatten selbstverständlich auch bei unseren ersten Würfen für jeden Welpen einen eigenen Napf. Nur, haben sie so gut wie nie einzeln gefressen. Es hingen immer mindestens drei über einer Schüssel, der Rest war unberührt. Und so arbeiteten sie sich Napf für Napf weiter. Irgendwann sind wir zur „Gemeinschaftsfütterung" übergegangen. Wir hatten noch bei keinem einzigen Wurf streitbare, futterneidische Welpen. Mag sein, dass das nicht bei allen Rassen oder Mixen möglich ist. Wichtig ist auch, dass eben genügend Futter im Napf ist, und die Kleinen nicht noch hungrig sind, wenn Napf leer. Reste gehören bei uns dann der Hunde-Mama. Wie oft habe ich Alete-Gläschen aufgegessen? Bei anderen Kausachen, wie getrockneter Lunge oder Pansen, wird schon von klein auf eher verteidigt. Beim Hund, meine ich jetzt wieder.

All unsere Welpen-Käufer duzen wir – daher ist hier im Text jetzt mehr „Nähe". Aber lesen Sie nun einfach mal selbst, was wichtig ist:

MEINE Werths-Echte-Hunde-Tipps

Fütterungs-Empfehlung:
Der Welpe sollte ab der Übernahme höchstens zweimal täglich Futter aus dem Napf bekommen, mindestens die dritte Mahlzeit aus der Hand der Familie.
Diese dritte Mahlzeit wird, in immer größer werdenden Abständen, über den Tag verteilt per Hand gegeben. Von jedem Familienmitglied: Wenn er einen ansieht, auf seinen Namen hört, er sich gerade hinsetzt, einfach gleich „SITZ" dazu sagen, wenn er sich hinlegt, gleich „PLATZ" dazu sagen, wenn er seine Geschäfte draußen erledigt „feiiin, Pipi" o.ä. sagen und einen kleinen Futterbrocken in sein Maul schieben.
Es gibt für Nassfutter Futtertuben, auch „Barfer" = „Rohfleisch-Fütterer" werden eine Möglichkeit finden. Das Zusammengehörigkeitsgefühl wird beim Hund so schneller geweckt. Die Verbundenheit wird die ganze Familie umgehend merken.

Der Napf sollte nach fünf Minuten leergefressen sein. Wenn noch was übrig bleibt wegnehmen und bei der nächsten Fütterung etwas weniger geben. Sonst wird er ein mäkeliger Fresser und das ist für unsere „Haupt-Erziehungshilfe" schlecht. Mit einer Hand den Napf hinstellen, mit der anderen den Hund an der Brust festhalten. Sobald er euch nur kurz in die Augen sieht, „freigeben". So lernt er für später, euch „zu fragen". Die ersten Tage bekommt der Welpe nur das mitgegebene Futter, dann kann man es bereits mit dem jeweils selbst auserwählten Futter mischen. Eine Faustregel wäre: Ein zuviel an Energiezufuhr ist eher schädlich als ein zu wenig! Nicht nur für das Wachstum des jungen Hundes. Auch kann er einen „zappeligen Eindruck" machen.

Bis zum zehnten Lebensmonat früh und abends füttern. Dies kann beibehalten werden, morgens eine Kleinigkeit, abends die Hauptmahlzeit. Bei Großrassen und älteren Hunden ist ein mindestens zweimaliges Füttern täglich ein Muss.

Da es sehr viele verschiedene Futtermöglichkeiten gibt, bespreche ich diese lieber persönlich mit jeder einzelnen Familie, da jede andere Vorstellungen hat.
Selbstverständlich bekommt ihr ausreichend Futter für die ersten Wochen mit, damit sich der Welpe im neuen Zuhause eingewöhnen kann und nicht zusätzlich auch noch das Futter umgestellt wird. Früher hieß es, man muss dem Welpen das Futter auch mal wegnehmen. Lasst lieber die Hand mal beiläufig im Napf während er frisst oder haltet das Stück Ochsenziemer an einem Ende fest, an dem der Kleine gerade kaut. So lernt er auch, dass der Mensch sein Futter „haben" darf. Wegnehmen schafft Spannung, der Hund soll aber erst einmal Vertrauen aufbauen.

Bitte im Kopf behalten: Ein Hund DARF fressen, er MUSS es nicht!

Keine festen Uhrzeiten angewöhnen, auch können ruhig die Futterplätze gewechselt werden. Außer, ihr möchtet unbedingt ein ganzes Hundeleben lang jeden Tag nach dem gleichen Schema leben – und zum Beispiel eine gesellige Runde verlassen müssen, weil doch der arme Hund immer um 19 Uhr sein Futter bekommt *gg*. Den Napf nach dem Fressen IMMER wegräumen. So kann er sich nicht stundenlang bettelnd am Futterplatz aufhalten. Den gibt es einfach nicht.

Ein Hund kann zum „Gewohnheitstier" gemacht werden: Hier nenne ich mal: immer zur gleichen Zeit Gassi gehen (ist natürlich bei Berufstätigen oder Besitzern ohne Garten schlecht möglich, dann eben andere Dinge unterschiedlich gestalten). Aber dann könnt ihr die bereits erwähnten Fütterungszeiten schieben, die Spielstunde nicht zu einer bestimmten Tageszeit einführen – und jetzt selbst mal überlegen, was es da noch für Möglichkeiten gibt, aus eurem Hund keinen „Beamten" zu machen (diese Berufsgruppe möge mir bitte verzeihen – aber mit diesem Vergleich weiß einfach jeder, was gemeint ist).

Also – wenn irgend geht, immer wieder mal Veränderungen ins Hundeleben bringen. Das hält jung, der Hund lernt nicht „zu fordern" (piepen vor dem Napf oder ihn sogar durch die Gegend zu tragen, bellend vor der Ziehkordel zum Spielen auffordern) und macht das Leben bunter.

Wichtig: Der erwachsene Hund sollte eine halbe Stunde vor und eine Stunde nach der Hauptfütterung nicht stark bewegt werden, nicht springen, spielen oder sich wälzen. Es könnte eine lebensbedrohliche Magendrehung entstehen. Es ist erwiesen, dass die Magendrehung auch bei völlig leerem Magen entstehen kann - das würde dann eindeutig für eine zweimalige Fütterung täglich sprechen.

Erziehung

Ganz wichtig, einer der wenigen Punkte, die Hunde- von Kindererziehung unterscheidet: Sollte der Welpe in einer ungewohnten Situation eine gewisse „Unsicherheit oder Ängstlichkeit" zeigen – DANN BLEIBT BITTE COOL UND LASST EUCH NICHT AUF EIN TRÖSTEN EIN! Das können die unterschiedlichsten Situationen sein: beim Tierarzt, an einer stark befahrenen Straße, bei Silvester-Böllern oder sei es nur eine unbekannte Mülltonne. Heißt: Ein Kind würde man trösten und erklären, warum es keine Angst zu

haben braucht. Es vertraut uns und wird sicherer. Ein Hund glaubt, wenn man ihn tröstet: „Hilfe, ich habe Recht mit meiner Angst, mein Mensch bestätigt mich". Also, hier immer „Augen zu und durch", nicht streicheln mit den Worten – und vor allen Dingen der Tonlage „och, armer Hugo, brauchst keine Angst zu haben, der Tierarzt piekst nur jedes zweite Mal, wenn wir kommen". Natürlich darf der Hund zwischen den Beinen des Besitzers Schutz suchen. Auch vor aufdringlichen Hunden wird der Welpe von seinem Besitzer geschützt, indem dieser den anderen Hund „abwehrt". Der Welpe lernt, ich kann meinem Menschen vertrauen und wird so sehr schnell einen „Haken" an die jeweilige neue Situation machen und die nächste Begegnung mit einer Mülltonne oder mit einem Schneemann und auch das Wartezimmer beim Tierarzt nicht mehr gruselig finden.

Euer Wauz darf sich alle Räume des Hauses ansehen, damit seine Neugier gestillt ist. Aber ab dem   Tag „X" gilt oberstes Gebot: **Die wahre, umsetzbare KONSEQUENZ. Wie die aussieht, klärt sich hier im „Klick".** Die Familie ist sich VOR Einzug des Welpen einig, was der Kleine darf und was nicht (immer aufs Sofa, oder nur auf Befehl, darf er ins Bett, in die Küche und so weiter.) Gewisse Grenzen im eigenen Haus und Garten sind sehr wichtig für einen später folgsamen, anständigen Hund. Was der Kleine darf, ist dem Heranwachsenden schwer(er) wieder abzugewöhnen! Die Familie einigt sich auf gleiche Wortwahl für die verschiedenen Befehle. Als Schlafplatz taugt eine Decke oder ein unechtes Schaffell (waschbar bis 60 Grad). Wenn man unbedingt will, kann man auch ein Körbchen kaufen. Aber bitte nicht das Teuerste nehmen. Manche Besitzer sammeln nur das Spielzeug drin, da der Hund den Korb schlicht und ergreifend doof findet. Kein Rattan, das reizt zum Zerbeißen und macht euch nur das Aneinandergewöhnen schwer, wenn ihr den Welpen deswegen immer schimpfen müsst. Manche Hunde bevorzugen auch einfach den kühlen Fliesenboden.

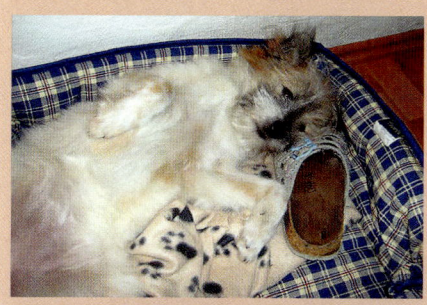 

Eine Auswahl...

...und Liegepositionen ☺

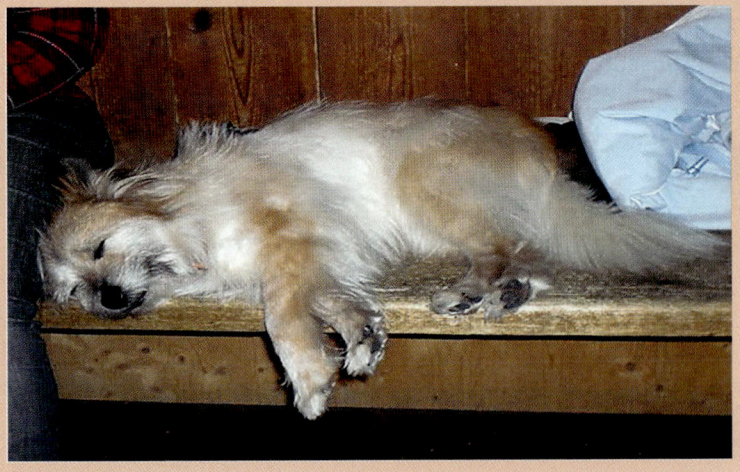

!!! Bitte NICHT von diesem Blick erweichen lassen!!!

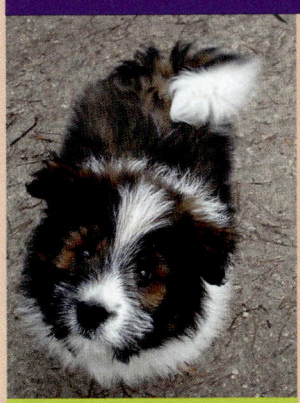

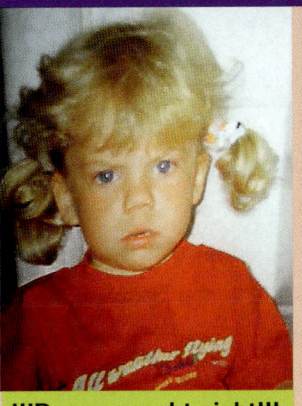

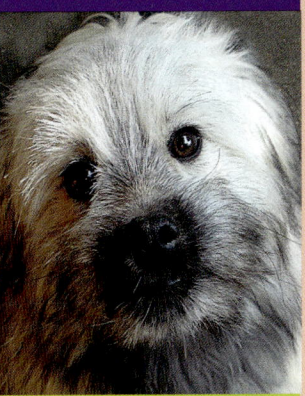

!!!Dasssss geht nicht!!!

!!!Das geeeeeht nicht!!!

!!!Das geht nichchcht!!!

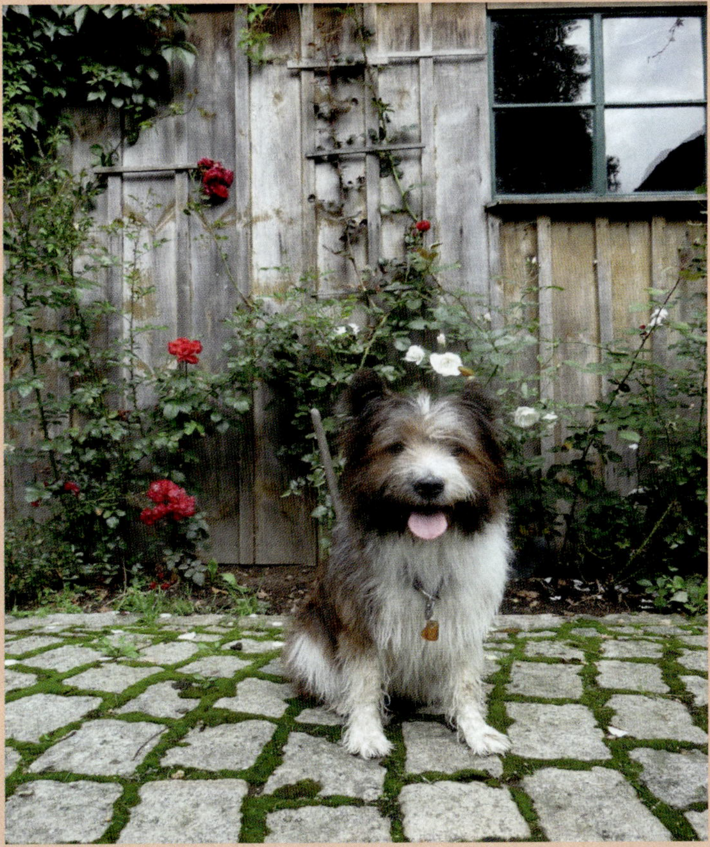

Lernen sollte der Hund im ersten Jahr Folgendes, die Wortwahl ist natürlich nicht bindend, meist richtet man sich nach der ausgesuchten Hundeschule:

- ♥ „HIER" oder „KOMM" eventuell mit Namen verbunden, er muss sofort kommen. Darf erst nach einem „OKAY" wieder gehen.
- ♥ „SITZ" er darf erst nach Auflöswort wie „OKAY" wieder aufstehen.
- ♥ „PLATZ" er darf erst nach Auflöswort wie „OKAY" wieder aufstehen.
- ♥ „LEG DICH" hier darf er ohne erneuten Befehl selbstständig wieder aufstehen. Dann benutzen, wenn er nicht immer beobachtet werden kann.
- ♥ „FUSS" er läuft mit und ohne Leine direkt neben einem, wenn andere Spaziergänger, Jogger... kommen.
- ♥ „AUS" wenn er ein Stöckchen oder Ball apportiert und uns geben soll, also Dinge im Maul hat, die er wieder haben darf.
- ♥ „PFUI" wenn er sich im Dreck wälzt oder etwas im Maul hat, was er nicht haben darf.
- ♥ „NEIN" wenn er im Begriff ist, etwas zu tun, was man nicht möchte: aufs Wasser zugehen um zu schwimmen, Weg verlassen wollen, vom Weg ab in den Acker möchte, ins gerade gewischte noch nasse Zimmer laufen wollen... .
- ♥ Super ist auch für „schnell zu beendende Situationen" ein kurzes, knurrendes,tiefes EHEH".

Und, das "unvermeidbare" Wort

- ♥ „BLEIB" er muss in der jeweiligen Position verharren, erst nach Auflöswort wie „OKAY" wieder „bewegen" oder auch einfach nur in einem anderen Zimmer bleiben, ob er steht, liegt oder sitzt ist egal.

Ja, das Wort „BLEIB" sollte es eigentlich in der Hundeerziehung nicht geben. Denn, wenn ein Befehl gegeben wird, darf der Hund sich erst wieder „bewegen", wenn die Anweisung vom Besitzer aufgehoben wird. Aber im tatsächlichen Tun braucht der Mensch dieses Wort – sonst hat er das Gefühl, nicht nachdrücklich genug zu sein. Also nehmen wir es einfach in die Wirklichkeit mit auf.

Alles kann wunderbar durch Leckerli (nicht jedes Mal, dann wird die Erwartungshaltung verstärkt) und Lob unterstützt werden. Wenn der Welpe was Neues lernt, darf er das Leckerli vor der Übung sehen.

Hat er diese verstanden, wird das Leckerli erst gezeigt, wenn die Übung vorbei ist (sonst ist es Bestechung).

Erst wenn er bereits Erlerntes nicht richtig ausführt, wird er ermahnt. Sobald er sich dir zuwendet, sofort wieder freundlich sein. Hundemütter sind NIE nachtragend! Dann noch mal wiederholen. Wenn richtig, lobend aufhören. Hat es gar keinen Zopf, aufhören und nachdenken, wie man es am nächsten Tag einfacher gestalten kann. Wenn irgend geht, trotzdem mit einer gelungenen Übung enden. Man darf den Hund auch mal anstupsen, wenn er völlig unaufmerksam ist. Nichts durchgehen lassen, weil er ja soooo süß ist und man gar nicht unbedingt auf Ausführung besteht. Ist schwer, aber echt wichtig für die ordentliche Erziehung.

Geübt werden nur ein paar Minuten, länger kann uns der Welpe (oder auch ein erwachsener Hund, der erst jetzt lernt, seine Hirnwindungen zu sortieren) seine ganze Aufmerksamkeit noch nicht schenken. Nicht nur für Anfänger ist eine gut geführte Welpen- und Hundeschule empfehlenswert. Nicht nur das eigene „Bauchgefühl" sagt, ob die ausgewählte Hundeschule auch die richtige ist. Wenn die Erziehung noch mit „Sichtzeichen" unterstützt wird, klappt es noch schneller: Erhobener Zeigefinger für „SITZ", Handfläche Richtung Boden für „PLATZ", in die Hocke gehen und Arme ausbreiten für „KOMM", oder ausgestreckter Arm mit erhobender Hand Richtung Hund für „BLEIB".

Wir sind **immer** brav!!!

Bei einem Abenteuer-Spielplatz sollte man stets ein Auge und Ohr in der Nähe haben

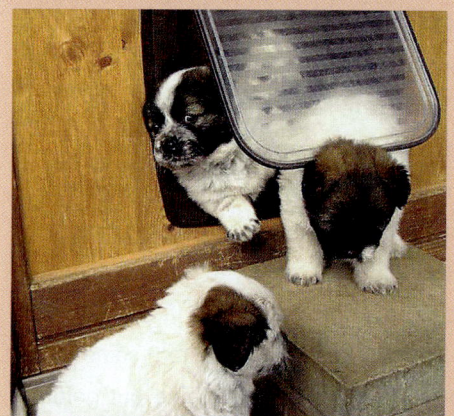

„Raddazong" – durch die Klappe hinaus ins Freigehege zur fröhlichen Kletterpartie

Gebirgsziegen sind ein Witz gegen die eifrigen Kraxelwelpen

Traut eurem Hund was zu, nicht immer gleich helfen – er braucht eigene Erfahrungen, um reifen zu können. Er ist nicht aus Zucker. Hat er eine neue Gegebenheit dann – wenn auch mit Quengeln oder Qietschen – erfolgreich hinter sich gebracht, loben...man sieht richtig, wie stolz er auf sich ist, diese Hürde allein geschafft zu haben. Das gibt Selbstvertrauen. Bei gemeinsamen Familien-Ausflügen mit dem Hund: Derjenige, der die Leine hat, ist auch für den Hund zuständig. Heißt, beim Freilauf achtet der „Leinenträger" auf den Hund, er gibt die Kommandos und sonst niemand zur gleichen Zeit. Rufen die Eltern und die Kids ständig durcheinander, der eine ein „KOMM", der nächste sagt „NEIN" usw. lernt Hund nur: „Ohren auf Durchzug ist am besten, da wird man ja sonst ganz wirr".

Selbstverständlich kann der „Leinenträger" – zum Beispiel bei Fehlentscheidungen – auch ausgetauscht werden *gg*. Immer nur knappe Befehle geben, niemals in ganze Sätze packen, der Hund kann dann das für ihn Wichtige nicht erfassen. Auf eine Sachlage hat man genau zwei Sekunden(!!!) die Chance, zu handeln. Diese Schnelligkeit zu erreichen, muss man etwas üben. Nur innerhalb von diesen zwei Sekunden kann der Hund Befehl oder Lob mit dem jeweiligen Tatbestand verknüpfen. Der Hund aber hat, gerade in der Lernphase – fünf Sekunden Zeit, das Gewünschte auch auszuführen.

Wichtig: Zuerst Regeln und Grenzen in den eigenen vier Wänden, Garten oder Balkon setzen. Funktioniert es da, in anderer, möglichst ruhiger Umgebung üben. Achtung: Bereits ein hüpfender Vogel in 20 m Entfernung oder ein für uns weit entfernter Traktor kann zu Ablenkung führen, ebenso beim Stadthund ein LKW oder quietschende Kinder. Dann nach und nach mehr Umwelteinflüsse zulassen, auch die Schwierigkeiten langsam erhöhen. Man kann das fast bis zur Vollkommenheit betreiben, der „gemeine Hunde-Halter" neigt jedoch nicht dazu.

Hierzu gehört auch die Leinenführigkeit. Gleich im Haus und in der Wohnung üben, auch sofort, wenn es nach Draußen geht. Sobald der Welpe zieht, stehenbleiben, bis Leine wieder locker. Ist anstrengend und langatmig. Aber lohnt sich. Als Alternative, bei „schnellen Gängen" oder wenn jemand mitgeht und man ihn nicht warten lassen will oder die Kinder den Hund führen möchten: statt Halsband dann ein Geschirr anziehen und die Leine verlängern. Der Hund soll unterscheiden können, wann muss ich IMMER ordentlich laufen, wann DARF ich mal ziehen. Ich wünsche viel Geduld bei dieser Übung. Ehrlich. Bei älteren Hunden gibt es weitere Möglichkeiten, die man zur Leinenführigkeit nutzen kann.

Der Hund verknüpft „das Letzte, was er tut" mit dem Befehl – ein Beispiel:

Der Hund rennt einem Hasen hinterher. Du rufst ihn. Dabei kannst du sicherheitshalber noch in die Hocke gehen. Sollte Hund sich WIRKLICH umdrehen, scheinst du aus seiner Sicht weiter entfernt zu sein. Zusätzlich quietschen schreien, klatschen, hopsen, egal – Hauptsache, er kommt! Und nicht aufhören sich spannungsreich zu machen, bis der Hund bei einem ist. Und kommt er tatsächlich zurück... dann wird er für das Zurückkommen belohnt!!!, dass ist seine letzte Handlung gewesen, und die war eben richtig.

Kommt er aber (irgendwann bitte nicht mehr rufen oder sich zum Affen machen, wenn der Erfolg ausbleibt) erst nach mehreren Minuten zurück, wird er nicht mehr belohnt, da sonst die Handlung „ich komme nicht sofort, krieg trotzdem was, juhuuuu!!!" bestärkt würde. Hier dann kommentarlos für den Rest des Spazierganges anleinen.

Beim nächsten Mal VOR dem Losrennen schon stoppen. Haaaaaa, ich weiß, das ist sehr schwer, und man muss immer die komplette Gegend förmlich „scannen". Scannen heißt aber hier: Nicht MIT dem Hund die Umgebung genau nach hinreißend verlockenden Gestalten absuchen und förmlich Beutegeschöpfe gemeinsam entdecken! Nein, ganz uuunauffällig nur mit deinen Augen Bewegungen, weiße Schwanzbüschel, aus dem Gras ragende Hasenohren, VOR dem Hund auszumachen. Keine Angst, da kommt man schnell rein.

Je mehr Hunde zusammen sind, desto schneller kann sich ein jagender Spurt ergeben. Je besser sich die Hunde kennen, desto rasanter die Geschwindigkeit, in der sie abstimmen, was sie jetzt gleich tun werden. Jagdprobleme bitte so schnell als möglich zusätzlich mit einer gut geführten Hundeschule zusammen angehen.

Ich HASSE Hunde

Hallo duhuu, ich bin die Jumi.

Hab ich schon erwähnt, dass ich Hunde HASSE?

Das meint Snubba nicht so, ne, Frauchen? ...dooooooch???

Mehrere Pubertätswellen werden über euch rollen – mit Ruhe und der "Klick"-Konsequenz diese meistern, ein paar Wochen später ist die Welt wieder in Ordnung...für kurze Zeit *grins*. Macht es euch für den Anfang so einfach wie möglich. Bitte erst über die jeweilige Situation nachdenken, wie ist sie am leichtesten und „mit einem Lächeln" zu lösen.

Beispiel 1: Familien mit kleineren Kindern: Man kann nicht überall gleichzeitig sein, braucht auch mal Zeit, Einkäufe einzuräumen oder das Kind zu wickeln. Da bietet sich im Haus ein kleineres Zimmer mit einem Türgitter oder einfach ein Laufstall für den Hund an! Eine Kaustange und ein besonderes Spielzeug, dass es nur dort gibt, macht dem Welpen den Aufenthalt angenehm und jeder ist ausgeglichen. Selbstverständlich wird der Hund nur im Ausnahmefall dort „zwischengeparkt!"

Cedric im Bällebad der Welpen

Wenn man einen Garten hat, aber den jungen Hund nicht ständig beaufsichtigen kann, nützt er das zum Ausprobieren, nicht nur zum Pieseln! Also, ein abgesperrtes, gerne auch nur notdürftiges Freigehege bauen, in dem der Welpe nach Herzenslust allein toben oder auch mal Löcher buddeln darf. Außerhalb dieses Gebietes ist das tabu!

Am besten wäre, den Hund das erste Jahr nicht ohne Aufsicht im Garten zu lassen – sonst lernt er buddeln, Büsche zerpflücken, alles verbellen usw.

Beispiel 2: Spielerisches Hinterherlaufen von Wild oder Katzen: Nicht erst reagieren, wenn es soweit ist – bereits das spielerische Fangenwollen von Vögeln gilt es zu unterbinden. Da hilft nicht menschliches Denken: „Der kann ja fliegen, den kriegt er nicht". Nein, hier sofort abbrechen durch „Umlenken", mit ihm kurz spielen, Leckerli geben o.ä. Einem Blatt im Herbstwind kann er natürlich hinterherfegen, schließlich soll er ja auch Spaß haben, er ist noch ein Welpe oder Junghund, oder fast glücklicher erwachsener Hund!!! Eben die jeweilige Sachlage abwägen.

Wo ist hier Wild?

Ich seh auch nix...

Wichtig: Nicht drauf antworten, wenn der Welpe „quengelt" - außer, er muss pieseln - aber das zu erkennen, ist eine Kunst! Zwei Sekunden warten, bis er ruhig ist, dann erst handeln (ihn rufen und was spielen, ihn aus dem Laufstall nehmen, die Haustür aufsperren, usw.) Sonst fordert er immer schneller und lauter.

<u>Stubenreinheit</u>

Sofort nach dem Aufwachen, nach dem Fressen und auch gleich nach dem Spielen muss der Welpe sich entleeren. Er sollte dann ganz rasch auf sein "schnelles Klo" gebracht werden. Am besten dorthin tragen, damit es nicht bereits unterwegs passiert. Zuerst wird er pieseln. Ist er dabei fast fertig, etwas loben und „Bächlein" o.ä. sagen. Es kann dann ein Weilchen dauern, bis sich das große Geschäft – dies auch nicht jedes Mal – ankündigt. Auch ein nettes Wort dafür beim „letzten Drücker" betonen. Bitte hier nicht übertreiben, er geht ja „nur" aufs Klo - allerdings an einem Platz, der für uns in Ordnung ist. Bereits nach kurzer Zeit hat der Hund die Worte mit dem Entleeren verknüpft und "pinkelt und kackert dann auf Befehl". Je älter er wird, desto weniger Pinkelpausen braucht er – glaubt mir, ihr wachst da ohne Probleme rein * gg*.

Der erwachsene Hund wird sich wahrscheinlich viermal am Tag entleeren, zweimal dabei auch sein großes Geschäft erledigen. Nachts (da er ja im Normalfall ruht) hält der erwachsene Hund in der Regel ca. 12 Stunden durch. Man kann auch vor die Terrassentür ein paar Zeitungen auslegen... meist nimmt der Welpe das ganz gut an.

Keine Angst, er wird das Papier nicht sein Leben lang brauchen. Wenns doch mal im Haus passiert: einfach wegwischen. Dies sollte der Welpe nicht sehen (ja super, Frauchen macht das genauso weg wie meine Mama – dann kann ich hier ja noch öfter...) und gut ist. Ab der 12. Lebenswoche haben Hunde erst langsam Blase und Darm in ihrer Gewalt.

Feivel flutet unser Wohnzimmer

Die ersten Spaziergänge

Wo keine Gefahren drohen (das wären nahegelegene Straßen und Autos, Schienen, reger Wildwechsel, große Höhenunterschiede) den Hund ohne Leine laufen lassen, von Anfang an. Wenn er sich mal zu weit entfernt, herlocken, Leckerli geben oder mit einem Spiel „an sich binden". Diese ersten Wochen im Freilauf unbedingt nutzen! Der Welpe bleibt am Anfang von selbst in Menschennähe. Nach ein paar Minuten gleich mit ihm etwas üben, dann wieder einfach nur laufen und den Kleinen mal sein Ding machen lassen.

Wichtig: Ablenkung noch vermeiden oder dann VORHER anleinen! Er soll nicht einfach auf fremde Hunde losrasen oder voller Begeisterung auf ein Kleinkind zurennen. Sondern dies nur tun dürfen, wenn er die Erlaubnis von dir – mit Absprache aller Beteiligten – erhalten hat. Sobald ihr jemanden erblickt, anleinen, auch wenn noch weit weg - sonst ist er bald schneller!

Nicht jedes Mal anleinen, wenn er gerufen wird, sondern ein paar mal wieder freigeben. Sonst lernt der Kleine nur: „Aha, wenn der ruft und ich komme brav, werde ich immer angeleint. Ist ja ätzend, da geh ich nicht mehr hin". Wird der Welpe sicherer und läuft zu weit voraus, schnell verstecken, wenn Möglichkeit da ist, oder Spazierfläche suchen mit möglichst vielen Kreuzungswegen. Läuft Hund zu weit voraus, ohne Worte oder andere Zeichen einen anderen Weg einschlagen, wenn Hund da, kann man wieder umkehren. Der Hund muss gucken, wo sein Besitzer hinläuft, nicht umgekehrt!!! Also bitte ihn nicht rufen und drauf aufmerksam machen, dass man eine andere Richtung einschlägt – ER muss Aufpassen lernen und auf uns achten. Viele neue Spazierwege suchen, da sind für den Hund so viel neue Eindrücke, dass er gar nicht auf „blöde Gedanken" kommt.

„Oma" Roxy mit Lollis Nachwuchs

Nie den Welpen „einfangen" – immer zu sich locken. Ganz schnell hat der Kleine nämlich gelernt, dass er nur rennen braucht, und das, ehe du dich versiehst, immer schneller, damit man ihn nicht mehr erwischst. Das kann seeeehr peinlich werden. Klaro ist ja wohl, dass, wenn Gefahr droht, er bitte unbedingt „eingefangen" wird !!!

Ein Mal was üben auf einem Spaziergang, beim nächsten Mal versuchen, mit so wenig Anweisungen wie möglich auszukommen. Mal an einem Waldrand Versteck mit ihm spielen oder auf Baumstämmen zusammen kraxeln. Eben Abwechslung bieten. Wenn der Hund älter ist, braucht man sich nicht mehr so viele Gedanken machen, der Hund hat verinnerlicht, dass es mit seiner Familie einfach schön ist, spazierenzu-gehen.

Auch beim „Stadthund", der oft auf gleicher Hundewiese Gassi geht und viele Hundebegegnungen hat, bitte täglich zum Üben ruhige Gebiete oder Tageszeiten nutzen. Bereits nach kürzester Zeit dürfte für einen Stadthund Autolärm keine Ablenkung mehr sein, das gehört ja zu seiner normalen Umgebung. Hier geht es auch, wenn man eine kaum befahrene Straße mit wenig Menschenverkehr nutzt. Ein Schild mit „Es tut mir leid, wir üben gerade, kommen Sie doch nächste Woche wieder hier vorbei" wäre durchaus sinnvoll *gg* . Natürlich hier nur an der Leine üben!!!

Die ersten Gehversuche mit Leine sind nicht ganz einfach, die Welpen könnten etwas „eselig" sein. Wenn man direkt vom Haus aus losgehen möchte, empfiehlt es sich, den Hund am Anfang wegzutragen, bis er das Haus nicht mehr sieht. (Gleiches gilt auch, wenn man sich vom Auto entfernt.) Es ist sein natürlicher Drang, dass er das sichere Zuhause die erste Zeit nicht gerne verlassen will. Ein wenig locken, wenn er bockt, da die Leine noch ungewohnt ist. Auch ruhig mal ein wenig „ruckeln", er ist immer noch nicht aus Zucker. Innerhalb einer Woche klappt das dann schon besser. Es ist auch möglich, dass der Welpe die erste Zeit nur „in Sicherheit" aufs Klo gehen will…das ist dann das Haus oder der Garten. Da bleibt nur, entweder wirklich stundenlang auf ner Wiese auszuharren oder eben das Missgeschick am Anfang hinzunehmen.

Zunächst nur mit weiteren gut erzogenen Hunden spazierengehen (wenn geht sogar länger, das erste Hundejahr wäre sinnvoll.) Welpen schauen sich von erwachsenen Hunden vieles ab – sowohl Vorteilhaftes für unsere Erziehung, aber eben auch leider sehr unliebsame nachteilige Eigenschaften. Hat der Welpe erst einmal gelernt, wie lustig ein Run querfeldein ist, wie leicht man „Nicht-Hören" kann, und wie lange dann ohne Einschreiten mit Kumpels gespielt werden kann, steht man schon vor dem Problem(chen). Sollte es euch doch mal passieren, dass die Fellnase abdüst – nicht verzagen, beim nächsten Mal aber wirklich eher handeln!

Üben in der Hundeschule ist das eine. Es dann aber auch im Alltag anzuwenden, das andere.

Auch bei erwachsenen, gut sozialisierten Hunden kann es sein, dass der Kleine mal „gerüffelt" wird. Wahrscheinlich schreit er dann wie am Spieß. Im Grunde sagt ihm der erwachsene Hund nur, was er für Grenzen absteckt.

Und der Kleine jammert „ich habs verstanden und tu es nie wieder. Vielleicht".

Keine Flexi-Leine verwenden!!! Es gibt für mich nur ganz wenige Ausnahmen (extremer Jagdtrieb, läufige Hündin, „beziehungsgeschädigte" Vierbeiner, in manchen Bundesländern gibt es leider auch strenge Freilaufregeln.) Der Hund lernt nur das Ziehen, er soll ja an der Leine „ordentlich" laufen. Denn ihr erzieht euren Hund so, dass er Freilauf genießen kann. Geschirr oder Halsband? Ich persönlich bin für Halsband. Das sogenannte Zug-Stopp-Halsband ist, wenn richtig angelegt, das sicherste. Für Welpen bzw. kleine Hunde gibt es das (noch) nicht überall. Wem doch ein Geschirr lieber ist – der nehme ein gut sitzendes!!! (dies unbedingt von einem Fachmann anpassen lassen, es darf nicht drücken oder reiben.) Natürlich kommt es auch drauf an, wie oft eine Leine erforderlich ist – bitte dies selbst entscheiden.

Ruhetage, an denen der Hund mal „zu kurz kommt" von Anfang an einführen. So ist eben das Leben. Es ist wichtig, nicht immer wichtig zu sein. Frust ertragen zu können, muss man lernen.

Wichtig: Pro Lebenswoche nur so viele Minuten am Stück laufen – ja, das heißt, ist der Welpe acht Wochen alt, nur acht!!! Minuten!!!, dazu zählt auch ein Spiel mit anderen Hunden. Ruhepausen nicht abziehen.

Junghunde werden viel zu oft überfordert. Man kann zwar einen Tag dem Welpen mal etwas mehr zumuten, aber am nächsten Tag ist unbedingt Ruhe angesagt. Eher zu Hause spielen, das fördert auf beiden Seiten die Vertrautheit und auch Wichtigkeit. Lieber kurz ein Cafe besuchen (für den Hund anfangs ein Kauröllchen mitnehmen), Pferde und Kühe gucken gehen, mal zum Bahnhof fahren für zehn Minuten – ihm einfach „das Leben" zeigen. Das ersetzt den Spaziergang bei einem Welpen, diesen nicht noch zusätzlich anbieten!

Nee, ich bin keine Ziege – ich riech nicht so, wie du stinkst!

Welpenspaziergang in der 7. Woche ohne Hundemama

Pflege:

Fell: Den Welpen ans Kämmen gewöhnen, wenn er müde wird. Ihn nicht mit Kamm, oder Bürste spielen lassen. Wenn möglich, den Kleinen dabei auf einen Tisch stellen und natürlich festhalten, ne!?! Ruhig jeden zweiten Tag üben, immer nur ein paar Sekunden, der Welpe hat für länger noch keine Geduld. Später reicht in der Regel ein Mal in der Woche 20 Minuten bei meinen Hunden völlig aus. Bis auf die Haut durchkämmen, sonst verfilzt das Fell. Ganz arg aufpassen, dass es den Hund nicht ziepft (bitte nicht kleinere Kinder kämmen lassen), damit er immer freudig kommt, wenn er den Kamm sieht. Zeige ich natürlich auch am „lebenden Objekt".

Niemals mit Kämmen aufhören, wenn der Hund es will! Das merkt er sich ganz schnell, er wird dann bei der Fellpflege schwierig sein. Er sollte da noch ein paar Sekunden ruhig halten, noch ein paar mal darüber striegeln, dann mit Lob entlassen. Denk dran, 15 Jahre einen Hund kämmen, der sich ständig dagegen wehrt, ist lästig und sehr anstrengend!

Darino neben seinem Fell

Katzenkind möchte auch gekämmt werden.

Lolli neben ihrem Fell

Wichtig: Bei wuscheligen Hunden Haare vor Augen und an Ohren entfernen (ist leider Züchtern mancher Rassen für die Ausstellungen nicht erlaubt.) Der Hund soll gut sehen können und auch sein Ausdruck gut einschätzbar sein. Sowohl für Menschen, als auch für andere Hunde. Auch die Ohrstellung sollte gut erkennbar sein für Menschen und andere Hunde – so ist es für beide möglich, das Mienenspiel zu erkennen und das Verhalten zusammen mit der Körperhaltung besser einordnen zu können. Es kommt weniger zu lautstarken Missverständnissen.

Dann gibt es langhaarige Rassen, die eine andere Fellbeschaffenheit haben, und wesentlich öfter gekämmt werden müssen. Auch kurzhaarige Rassen haaren – und das eigentlich ganzjährig. Auch gibt es Rassen, die kein totes Fell abwerfen – dadurch aber ohne „menschliche Einwirkung" sehr schnell verfilzen. Dies unbedingt vor Anschaffung des Hundes erfragen.

Kurzhaar Gertie: Bringt kaum Dreck ins Haus, haart aber ganzjährig und die ausgefallenen Haare „sticheln" sich in Polster und Kleidung rein.

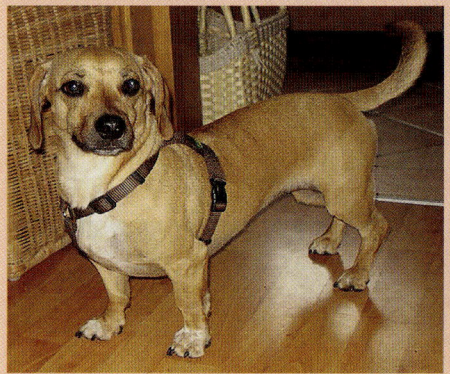

Langhaar Socke: Ist im Herbst ein Blätterwald, läßt sich aber gut kämmen, haart zweimal im Jahr. Die ausgefallenen Haare sind leicht zu entfernen.

Den Hund nur baden, wenn es unbedingt sein muss - nach Wälzen in einem toten Fisch geht es nicht anders. Und dann mit Hunde- oder Kindershampoo. Lieber Schwimmen in Seen oder kleinen Bächen auf Kommando beibringen, reinigt auch das Fell und macht dem Hund wesentlich mehr Spaß. Auch wenn es kühler ist, selbst im Winter darf er schwimmen, sollte aber danach unbedingt in Bewegung bleiben. Am Auto auf jeden Fall den Bauch und die Nierengegend abrubbeln. Ja, stimmt, er könnte sich beim Baden in einem Teich auch mal ne Erkrankung holen – nicht alles im Leben ist ohne Gefahr. Wir hatten in all den vielen Hundejahren noch kein einziges Mal ein Problem.

Jumi-Schweinchen

Lolli zeigt Klein-Candy das Schwimmen

Chelsie und Klein-Jumi im Lech

Lolli hechtet dem Ball an unserem Wagnitz-Weiher nach

Zur Winterszeit beim erwachsenen Hund ein Tipp: Wenn der Schnee Klumpen an den Beinen und Bauch bildet, vor dem Spaziergang satt mit Körperlotion o.ä. einreiben – hält ca. 45 Minuten die Klumpen fern und ist nach dieser Zeit nicht mehr fettig.

Winter in Franken

Körper: Den Hund an einen erhöhten Standplatz (Tisch) gewöhnen (okay, ist bei nem Irischen Wolfshund nicht wirklich nötig). Gut festhalten, dann ab und an mal den Körper abtasten, wie es das Sicherheitspersonal am Flughafen macht, auch nen kleinen „Zwick" mal geben. Zeitgleich ruhig mit einer Hand nach unten „ausstreicheln", als sei nichts gewesen. Dabei auch das Maul öffnen, an den Zähnen drücken...nicht nur der Tierarztbesuch wird dadurch erleichtert, auch Zecken, Kletten, kleine eingebissene Holzstückchen oder ähnliches, kann später ganz locker entfernt werden, ohne das der Hund schreiend an der Wohnzimmerdecke klebt.

<u>Alleinlassen</u>

Sobald der Kleine sicher durchs Haus tobt, gehts los, denn dies sollte jeder Hund lernen. Das kann bei manchen Welpen schon nach ein oder zwei Tagen sein. Erst Gassi gehen, dann „müde" spielen. Ein kleinerer Raum mit seiner Schlafdecke, Spielzeug und einer handvoll Leckerli im Raum verteilt zum Suchen, erleichtert ihm das Alleinsein. Diesen Raum kennt er aber schon gut, war da bereits mehrmals mit seinen Menschen. Die ganze Familie verlässt für 20 Minuten das Haus. Ungefähr jeden zweiten Tag wiederholen, immer ein bisschen länger wegbleiben. Ohne Verabschiedung gehen (aber nicht rausschleichen, wenn er schläft!!!), auch beim Heimkommen erstmal nicht beachten. Sobald der Hund Ruhe gibt und sich abwendet (die unabänderlichen zwei Sekunden warten), dann rufen und loben. So lernt der Hund, dass das Alleinbleiben nichts besonderes ist. Später kann man ihn problemlos bis zu fünf Stunden tagsüber allein lassen, wenn man ihn davor und (nicht immer gleich unmittelbar) danach ausreichend beschäftigt.

Junghund Luna hat Leckerli im Garten gesucht.

Die Geschwister Jenky als Welpe und Jumi erwachsen.

Probt er doch irgendwann wieder den Aufstand, nicht erschüttern lassen. Nachbarn mit einbeziehen: „Könnten Sie bitte mal hören, wie lange Anton bellt, wenn ich weg bin?" Da nun miteinbezogen in die Erziehung, stört das Jaulen die Nachbarn komischerweise nicht mehr so stark. Und ihr könnt euch beim Heimkommen mehrere Stunden vor die Tür stellen und warten, bis der Hund ruhig ist *höhö*.

<u>Nicht nur für Kinder</u>

Bitte keinen schlafenden Welpen aufwecken! Er ist für Besucher und Kinder dann tabu. Wenn der Welpe sich zurückziehen will, sollte das anerkannt werden. Er bekommt dadurch großes Vertrauen in seine Familie und ein ausgeglichenes Wesen. Das heißt nicht, dass Kinder nicht toben und laut sein dürfen, wenn der Hund schläft, im Gegenteil! Ein ganzer Kindergeburtstag kann da rund um seine Schlafstelle fegen und er schläft wie ein Murmeltier – nur eben keine Dinge auf ihn werfen, anrempeln oder ihn rufen.

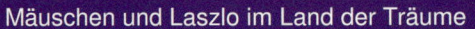
Mäuschen und Laszlo im Land der Träume

Niemals Kinder unter zehn Jahren mit einem Hund allein lassen. Manchmal probieren Kinder seltsame Dinge aus. Ja, auch das eigene Kind! Und dann wunderst du dich später, warum der Welpe nun nach dem Kind schon richtig ärgerlich schnappt. Sollte der Junghund mit euch Kindern zu heftig spielen oder etwas Verbotenes tun – sofort einen Erwachsenen rufen, der entscheidet dann über die Lage und hilft dem Kind aus der Patsche. Ein Kind ist für einen Welpen „gleichwertig" und das könnte „Zoff" nach sich ziehen. Sollte ein Hund mit Kindern zum Beispiel zu heftig mit dem Zerrseil rangeln – und nicht aufpassen, ob er nun das Seil oder die kleinen Fingerchen erwischt – dann wird das Seil weggeräumt. Punkt. Und nur geholt, wenn ein Erwachsener dabei ist.

Das Recht des KINDES steht selbstverständlich VOR dem Recht des Hundes!

Leonie, Martina und Annika – wie schön, dass sie mit Hunden aufwachsen dürfen.

Cora und Emily lieben ihre Fellnasen über alles und sind echte, echte Freunde.

Gesundheit:

Auch der Welpe darf schon mal Treppen steigen – schließlich soll er es ja lernen. Aber eben nicht übertreiben, zweimal am Tag ein paar Stufen am Anfang, nicht 20 mal „Trepp-rauf-Trepp-runter" rasen lassen. Hier bewährt sich bei uns seit Jahren ein Kinderschutzgitter mit Türchen. Im Haus bei glatten Böden aufpassen. Er sollte nicht ständig rutschen oder rennen, das kann HD begünstigen (Hüftkrankheit.) Dann lieber einen Spielteppich ausbreiten oder nur draußen spielen. Auch starkes in die Höhe springen im ersten Jahr vermeiden, nach Tierarztcheck ist es danach bei vielen Hunden durchaus erlaubt.

Thema Kastration:

Hier wird, wie in vielen weiteren Fällen, jeder Hundebesitzer oder Tierarzt etwas anderes erzählen. MEINE Meinung:

Rüden bitte erst „erwachsen" werden lassen. Ab drei Jahren (bei Großrassen noch länger!) kann man drüber nachdenken. Aber auch nur, wenn er wirklich auffällige hormongesteuerte Verhaltensweisen entwickeln sollte. Und holt vor der Entscheidung verschiedene Meinungen ein. Hier ist unbedingt vorher abzuklären, ob nicht „einfach" ein Besitzerfehler vorliegt. Kastrierte Rüden riechen für unversehrte Rüden häufig wie ein Weibchen und werden bedrängt. Es gibt die Möglichkeit, mit einem eingesetzten Chip erst einmal eine Kastration "vorzutäuschen". Dies auf jeden Fall nutzen, bevor man sich für die OP entscheidet!

Hündinnen: Die OP ist für eine Hündin vor der ersten Läufigkeit zwar nicht so aufwändig und die Tumor-Gefahr geringer – aber diese Tiere werden nach meinen Beobachtungen „geistig nicht erwachsen", es stoppt den Reifeprozess. Bitte mindestens eine, besser zwei Läufigkeiten abwarten!!! Man merkt richtig nach den Läufigkeiten, wie sich die „geistige Reife" entwickelt. Wenn eine Familie mehrere

schulpflichtige Kinder hat, sich eh immer nach Ferien richten muss, wenn man in Urlaub fährt, viele potente Rüden in der Nähe hat o.ä., kann ich die Überlegung verstehen. Auch bei einer Hündin können hormonell bedingte Probleme auftreten, wie ständige starke Scheinträchtigkeitssymptome oder unangebrachtes Benehmen. Bei einer gesunden Hündin werden nur die Eierstöcke entfernt. Auch hier besteht die Möglichkeit eines Chips – also genau hinterfragen.

Unser Gast, der unkastrierter Rüde Grisu, lässt sich gerade sein Futter wegfressen - von unserer kastrierten Kätzin Shisha.

Sonstiges, aber nicht weniger wichtig:

Lasst bitte nie einen Hund ohne Befehl aus dem Auto springen! Das kann an befahrenen Strassen lebensgefährlich für den Hund werden! Heißt, auch im eigenen Hof darf er NICHT ohne Befehl rausspringen. Woher soll er wissen, hier kann ich, hier nicht, weil gefährlich???

Wenn er es doch mal tut? Nun, in diesem Punkt wäre ich wirklich hart, da es eben lebensgefährlich für den Hund ist. Packen, ruhig aber „unsanft" wieder ins Auto befördern (ja, richtig gelesen!). Ein paar Sekunden warten, (er muss auch aufgehört haben „nachzumaulen"), ihn auf Befehl rauslassen. Er wird hoffentlich nie wieder rausspringen. Wenn ein Hund im Auto warten soll: Selbst die Wintersonne kann den Innenraum sehr schnell aufheizen, im Sommer auch unbedingt in der Tiefgarage immer die Fenster einen Spalt auflassen. Schaut auch nicht weg, wenn ihr einen stark hechelnden, überhitzten Hund in einem Wagen seht. Bereits nach kurzer Zeit kann dies zum Kollaps und Tod des Tieres führen. Rein rechtlich aber bitte erst die Polizei rufen.

Spätestens vor Ende des ersten Lebensjahres sollte der Junghund mal ein Wochenende bei erfahrenen Hundeleuten „Urlaub" machen. Er darf doch auch ohne seine Familie klarkommen im Leben und sich in einem anderen Haushalt oder einer Pension wohlfühlen. Du hast nur diesen einen Hund und kannst es nicht aushalten, ihn mal anderswo unterzubringen? Dann nimm dir für diese Zeit etwas vor, dass ganz einfach mit Hund nicht möglich ist...eine Studienreise, ein paar Wellness-Tage, einen Tag ein Besuch mit der ganzen Rest-Familie im Erlebnisbad, ein Wochenend-Workshop im Heimwerkeln...oder, oder, oder.

| Elos mit Jimmy | Candy mit Grisu | Bonnie mit Michel |

Bitte mit gutem Beispiel voran gehen – es ist so einfach, von Anfang an!

Nicht nur, wenn man mit einem Hund in die Stadt geht, immer vorsorglich Tüten für den Notfall dabei haben. Rüden NICHT an „menschlichem Eigentum" pinkeln lassen (Häuserecken, Zäune, Autoreifen, Schirmständer usw.) Bäume, Büsche, Gräser hingegen sind okay. Das funktioniert, muss nur von Anfang an immer drauf geachtet werden.

Ausdrücklich für männliche Rüdenbesitzer: Es schadet dem Ansehen des Rüden NICHT, wenn er NICHT überall und ständig markieren darf! Und, er bekommt auch KEINE Harnröhrensteine! Man(n) lernt schnell zu unterscheiden, wann Knabe echt Pinkeln muss und wann er „nur" beeindrucken will.

Auf dem Land dem Hund beibringen, nur die Wege zu benutzen, nicht querfeldein zu rennen. Man scheucht wesentlich weniger Wild auf, auch die Bauern danken es einem, wenn ihre bestellten Felder nicht als Hundespielplatz benutzt.werden. Wenn der Welpe in den Acker läuft, sofort zu sich rufen, bzw. „RAUS" rufen. IMMER! Auch mal mit einem Spiel oder Leckerli. Er lernt so sehr schnell, dass nur der Weg das Ziel ist. Den Grünstreifen am Rand darf er für sein Geschäft benutzen.

Auch sollte der Hund nur zwischen November und April auf die Wiesen dürfen. Es ärgert die Bauern (die Kühe werden krank, wenn sie das Gras mit Hundekot fressen, das Mähen ist erschwert, wenn alles plattgetrampelt ist). Auch stört er das Wild und der Hund könnte das Jagen erlernen. Im Winter und auf ganz frisch gemähten Wiesen darf der Hund - auf Anweisung! - natürlich mal quer über die Wiese toben.

Wenn ein anderer Hundebesitzer entgegenkommt und seinen Hund anleint, bitte auch anleinen. Wenn sich menschliche Lebewesen nähern, egal ob Jogger oder ältere Menschen oder kleine Kinder, Fahrradfahrer, eine Wandergruppe... Hund IMMER zu sich rufen... Der Satz „der tut nix" wird nur von Besitzern verwendet, deren Hund eben NICHT zurück zum Besitzer kommt, wenn sie ihn rufen!!! Wenn alle Punkte beachtet werden, wird euer Hund Zeit seines Lebens ein wunderbarer Kamerad sein und bestimmt auch Hundegegner etwas freundlicher stimmen.

Noch Fragen??? Wie, die Wirklichkeit ist aber ganz anders als aufgestellte Behauptungen??? Bitte bei mir melden. Die Werths Echten wünschen ein langes, glückliches Leben mit Hund.

www.elo-von-werths-echte.de

Soweit nun meine Werths-Echte-Tipps. Wie Sie da nun hingelangen? Noch kurz Geduld. Und selbst bei so gut vorbereiteten Hundehaltern (wie schon erwähnt, hatten wir ja zusätzlich noch Fragen besprochen) kann es passieren, dass der „Klick" fast zu spät kommt.

Wenn wir nur lange genug so gucken, dürfen wir rein – also bleibt konsequent, Kinder!

Ja klar ist hier noch Platz – allerdings nur noch zwischen unseren Zehen!

Kapitel 3 - Der Held des Buches

Der Hauptakteur ist in diesem Fall ein junger Rüde aus unserer Zucht.

Seine Mama Lolli und auch seine ältere Halbschwester Jumi sind wuseliger, schneller, lauter und „um-den-Finger-wickelnder" als unsere beiden Vertreterinnen der größeren Form. Wir verpaarten daher Lolli - mit ihrer Zustimmung natürlich und den erforderlichen Schritten über die Zuchtleitung - mit einem nicht bellfreudigen, aber sehr fröhlichen Rüden. Die neuen Besitzer kommen sehr gut mit ihren Welpen klar und berichten immer wieder mit viel Freude, wie sich ihre Hunde entwickeln. Natürlich gibt es auch mal Missstimmung – dann besprechen wir gemeinsam einen Lösungsweg, wenn gewünscht.

Unser „Einzelkind" Eminem – ein Stoffschaf war sein Geschwisterchen

Annika und Hikari in der Hängematte

In einem dieser Würfe erblickte auch unser „Held = Takeo" das Licht der Welt.

Mit ein paar Wochen konnte ich sein Wesen schon ganz gut beschreiben. Wir haben ihn, wie all unsere Welpen, auch ohne Geschwister und Mutter, ab der siebten Lebenswoche unter verschiedenen Bedingungen beobachtet. Takeo ist schlau, schnell, lustig und ein klein wenig „fordernd". Er wuchs artgerecht wie alle anderen Welpen bei uns auf: Das Welpenzimmer befindet sich im Erdgeschoss unseres Hauses. Sobald die Welpen hören können, bleibt die Tür auf und sie gewöhnen sich an alle Hausgeräusche. Die Kleinen können selbstständig in ein großes Freigehege, nach und nach erhalten sie die verschiedensten Spielmöglichkeiten.

Alle zwei Tage, etwa so ab der vierten Lebenswoche, bekommen die Welpen Besuch (vorher könnte die Hündin bei fremden Personen nervös werden). Von Kindern aus der Nachbarschaft, die unter Aufsicht mit den Welpen spielen, und auch von Freunden der Familie. Natürlich sind, so oft es geht, die neuen Besitzerfamilien anwesend, um das Aufwachsen ihres „Sprösslings" mitzuerleben.

Viel kann man durch Beobachten der Hundemutter im Umgang mit ihren Kindern lernen. Oder auch, wie die Hunde-Oma Roxy Teile der Erziehung übernimmt oder die junge „Tante" Candy mit Hingabe fürs Spielen zuständig ist.

Auch die Hunde-Papas kommen ihre Welpen besuchen. Er wird von unseren Mädels freudig begrüßt.

Bobbel vom Hohen Licht, genannt Socke, mit seinem Sohn Laszlo-Leo von Werthers Echte

Die Tierärztin kommt zum Impfen und Chipsetzen zu uns ins Haus, so dass die Welpen ihren ersten Praxis-Besuch „zum Vorstellen" nicht gleich mit Schmerz verbinden. Von unserer Tierärztin ist übrigens Kätzchen Shisha. Sie ist ein Flaschenkind, da die Katzen-Mama leider überfahren wurde.

Unsere Welpen fahren in der siebten und achten Lebenswoche bereits im Auto mit, kommen in lautere Gegenden, machen ihre ersten Leinen-Bock-Spring-Versuche, erste Spaziergänge allein, erobern zeitweise den kompletten Garten, das ganze Haus, und erleben das, was man halt als Züchter so alles tut, um der neuen Familie mit ihrem Racker den Einstieg ins gemeinsame Leben so unholprig wie möglich zu machen.

Auch sollte natürlich der Hunde-Interessent die Umgebung seines Welpen mit „Hundeaugen" beobachten. Die Spielmöglichkeiten müssen nicht bunt sein und der Zaun vom Freigehege nicht glänzen. Hauptsache, dies ist vorhanden. Ein völlig leeres, dafür sehr sauber aussehendes Gehege ist nicht welpengerecht!!!

Sie können beim Züchter auch „aus Versehen" mal nen Schlüsselbund fallen lassen und beobachten, was passiert. Ein Welpe darf davor zurückweichen, das wäre instinktiv richtig und schützt ihn vor Gefahren. Er sollte aber kurz darauf gucken kommen, was denn da so geklappert hat.

Eroberung des Hauses und mit Mama die Erkundung von fremden Gebieten

Auch bei unseren Welpenkäufern passiert mal das eine oder andere Unvorhergesehene. Die redlichen Züchter helfen mit, wo sie nur können. Der Kaufpreis für einen gut geprägt aufgewachsenen Welpen ist natürlich höher. Der Aufwand ist eben größer, wird aber vom Züchter für jeden seiner Welpen gerne gemacht. Die Kosten für die Untersuchungen, Fortbildungen, Fahrt zum Deckrüden und Decktaxe, das Einhalten aller Vereins-Kriterien mit den dazugehörigen Gebühren für den Züchter darf man nicht vergessen. Trotzdem darf er auch mal sagen, dass die Rasselbande „heute nur genervt hat". Das wird auch öfter aus dem Munde eines frischgebackenen Hundebesitzers kommen (dürfen).

Selbstverständlich kann man auch bei einem Welpen aus dem Ausland oder aus dem Tierheim oder von einer privaten Ausversehenverpaarung Glück haben. Nichtsdestotrotz freuen wir Züchter uns, ein gesundes und aufrichtiges gemeinsames Leben mit Hund eben noch wahrscheinlicher zu machen.

Es geht nun um den „Klick" im Menschenhirn, den man braucht, um „hündisch" zu verstehen. Viele haben diesen „Klick" allein durch die Kinder-Erziehung erhalten, wenn diese einem denn einigermaßen gelungen ist. Manche Menschen aber haben nicht den „selbstverständlichen Spürsinn", es „einfach richtig" zu machen. Weder bei den Kindern, noch beim Hund!

Soooooooooooooo viel Spaß macht es jedes Mal wieder, die Welpen zu beobachten.

Eine bei uns eingeladene Welpen-Interessenten-Familie – am liebsten mit Kind und Kegel und Oma und allem, was dazugehört – bleibt in der Regel zwei Stunden. Sie bekommen dadurch eine komplette Schlaf- und Actionphase des Wurfes mit. Sie haben viele Fragen, die ich gerne beantworte – und auch ich habe viele Fragen an die werdende neue Familie unseres Nachwuchses. Da erhält man als Züchter schon einige Informationen über diese Familie. Nur aus Beobachtung und ein paar gestellten

Fragen von mir und aus einer kurzen Bitte an die Kinder. Da allein könnte ich schon ein Buch drüber schreiben. Will ich aber nicht, mein Lieblingsthema ist nun mal der Hund.

Takeo stammt aus einem kleinen Wurf, er hat noch zwei Schwestern. Die eine, „Keiko = glückliches Kind", lebt hier bei uns im Ort als Ersthund einer fünfköpfigen Familie. Keiko ist freundlich, lustig, leichtführig, einfach ein Schatz. Sie bellt etwas mehr als der „gemeine, wirklich sehr ruhige Elo®", da muss sie doch ein wenig von ihrer Mama geerbt haben. Wenn dieser kleine „Fehler" von Keiko ihre Familie zu sehr nervt, werden sie auch entsprechend Maßnahmen ergreifen, da bin ich mir sicher. Mittlerweile sind wir mit der Familie befreundet und sehen uns häufig. Schöööön.

Seine andere Schwester „Yoko = Sonnenkind" lebt etwas weiter entfernt. Die Besitzer hatten aber schon einige Zeit einen erwachsenen Hund als Begleiter. Die Welpenerziehung war ihnen also auch neu. Er, das Herrchen, hat diese „natürliche Gabe", auf die ich für mich immer noch warte, mit einem Hund umzugehen. Das Frauchen musste alles erst zusammen mit dem Hund erlernen. Sie machen das aber klasse, wie ich aus unseren Kontakten entnehmen kann. Bald werden wir die Familie mit Yoko besuchen, da freue ich mich schon drauf.

Die bindungsfreudige Familie für Takeo war insgesamt dreimal bei uns, sie wohnen leider nicht „gleich umme Ecke". Takeo ist ihr erster eigener Hund. Die Besitzer sind kinderlos, arbeiten größtenteils selbstständig von zu Hause aus. Eigenes Haus mit Garten, die Urlaube gestalteten sich schon vorher so, dass ein Hund mühelos dabei sein kann. Beim Herrchen war bereits das gedankliche Wissen über den Umgang mit Hunden vorhanden, das Frauchen musste sich da noch reinarbeiten. Wir konnten „sehr gut" miteinander, das ist in unseren Augen auch immer ganz wichtig. Schließlich bekommen sie ja auch „ein Kind" von uns. Jawoll. Also hielten wir auch zwischen den Besuchen regen Mail-Kontakt, mit vielen Fotos von ihrem Takeo.

Wir hatten uns auch immer wieder über Menschenkinder-Erziehung unterhalten – sie waren wie wir über ungezogene, aufsässige Kinder in den unterschiedlichsten Altersklassen traurig. Sie wussten auch, dass es leider eine große Schwierigkeit der Eltern in unserer heutigen Gesellschaft ist.

Egal, ob es aus Zeitmangel wegen der Arbeit beider Elternteile, aus dem „Nichtwissen" heraus, wie man erzieht, wegen zu viel Last auf den Schultern eines alleinerziehenden Elternteils, aus Überschütten mit Geld und ständigem „Ja-Gesage" oder ganz schlicht und ergreifend aus Gleichgültigkeit an den in die Welt gesetzten Kindern entstanden ist. Okay, dachte ich mir, sie werden Ihren Wauzi erziehen und einen „anständigen" Begleiter aus ihm machen.

Der Shi-Teser Pepe ist zu Besuch. Die Welpen haben herrlich miteinander gespielt.

Und sicherlich habe ich auch bemerkt, dass das Frauchen bei jedem ihrer Besuche ihr ganzes Herz für den Kleinen weit, weit geöffnet hatte. Ist ja auch schön so. Ich werde nie vergessen, wie wir unseren ersten Hund bekamen. Ich war genau so. Mindestens. Und bin es immer noch.

Aber, genau deswegen habe ich immer wieder drauf hingewiesen, dass sie nun nicht alle Zeit der Welt für den kleinen Kerl „opfern" dürfen. Und auf jeden Fall Regeln aufstellen, auch wenn man sie noch so „unnütz" findet.

Und, wie man eben die Gratwanderung schafft, damit er ein „anständiger" Familienhund wird: zwischen dem, was ein kleiner Welpe (oder auch erwachsener Hund) lernen muss,   was er in einer gewissen Zeit können muss, und was er eben noch nicht können kann, da entweder noch zu jung, oder auch als frischer „erwachsener Schüler" noch nicht so „hirnbelastbar" ist - oder die Art des Beibringens schlicht und ergreifend falsch ist.

Alisha „unterhält" sich mit ihrem Sohn Icon

Manchmal müsste man doch hündisch
können...

Einer von Candys Lieblingskumpels – der Berner Sennen-Mix „Balu"

Kapitel 4 – Takeos Tagebuch wird geboren

Takeo wurde also nach seiner vollendeten achten Lebenswoche von seinen aufgeregten, aber auch erwartungsfrohen neuen Besitzern abgeholt. Während ich mit dem einen Teil den Kaufvertrag und weiteren Schriftkram bearbeitete, spielte der andere Teil Takeo etwas müde. Er hat ein paar Stunden vorher bereits kein Futter mehr bekommen, damit ihm auf der Fahrt nicht schlecht wird.

Noch ein paar – wie ich am Abholtag bei jedem Welpen und für jede Familie noch finde – „wichtige Verhaltenstipps" -, die mir bei jeder Abgabe eines Welpen gerade schnell einfallen. Teilweise sagen die Leute: „Jahaaaaaa, hast du uns schon alles

mehrmals gesahaaagt!!!" Oder sie nicken nur gequält und hoffen, dass mein Redeschwall nun endlich versiegen möge. Das werde ich auch nie lassen können. So oft ich es mir auch vornehme *seufz*.

Dann haben wir alle Unterlagen, das Futter und die Erstausstattung ins Auto geladen, Herrchen hinters Steuer

Hamimi mit Züchterin

gesetzt, Frauchen mit

Giotto mit Züchterin

Hund auf dem Schoß daneben. Das ist dem Welpen nur bei dieser ersten Fahrt mit der neuen Familie gestattet, denn eigentlich viel zu gefährlich und versicherungstechnisch nicht erlaubt!

Wir haben Takeo verabschiedet und vor allen Dingen Mama Lolli bei der Abfahrt dabei gehabt, damit sie sieht, dass ihr Kleiner nun in sein neues Leben reist und sie ihn nicht sucht. Sehr schnell kam, wie bei allen unseren Familien, eine glückliche Rückmeldung und dann auch die ersten Fotos. Irgendwann kamen die ersten Anrufe, mit einigen Fragen – die eigentlich alle schon behandelt waren. Aber bei all dem, was ich so erzähle, wahrscheinlich untergegangen sind. Das passiert öfter, viele unserer frisch gebackenen Hundebesitzer rufen im ersten Jahr an und holen sich Rat. Ist auch kein Problem, mache ich gerne. Lieber einmal zuviel angerufen, als zu lange Falsches gedacht und getan.

Alle drei Käufer-Familien hatten dies beherzigt, haben angerufen und erzählten mir, dass die Welpen sich ständig kratzen würden. Meine Vermutung, dass sie „nur" etwas gestresst sind, dadurch „schuppen" und das dann einfach juckt, habe ich schnell über Bord geworfen. Denn meine erwachsenen Hunde schubberten sich nun auch. So konnten wir gemeinsam bei allen Welpen und den erwachsenen Hunden ein Milbenproblem schnell beheben – danke, danke sage ich und dies peinlich berührt *puuuuh*.

Takeo ist nun 12 Wochen alt und das Tagebuch entsteht. Genau 21 Tage lang.

Takeo-Herrchen rief mich Mitte April an. Laut seinen Aussagen beißt und zwickt der kleine Rüde heftigst beim Spielen, folgt Anordnungen nicht (wie im Büro still auf einer Decke zu bleiben, er wurde immer wieder zurückgetragen, das auch heftiger, „da es ums Prinzip" ging, bis er sich mit Umsichbeißen gewehrt hat), er macht sein großes Geschäft in das Büro des Herrchens, er hat Angst im Dunkeln und würde hysterisch werden, wenn er alleinbleiben sollte. Dummerweise hatte die ausgesuchte Welpenschule gerade in den Anfangswochen Urlaub, so dass nur ein einziger Besuch vor ein paar Tagen zustande kam.

Ich habe sofort ihre Verzweiflung gemerkt – und kurz überlegt, wie wir am besten vorgehen. Mich hat dies an eine Geschichte von vor einigen Jahren erinnert, hierzu später mehr. Ich überflog schnell meinen Kalender und da es zeitlich für mich möglich war, machte ich einen Vorschlag: Ich könnte Takeo erst einmal für eine Art „Auszeit" zu mir nehmen, ihn sozusagen „live" hier erleben und wir könnten „nach Feststellung des Befundes" gemeinsam beratschlagen, wie es weitergehen sollte.

Ja, ich habe in diesem Fall die Verantwortung übernommen. Für Takeo. Danke den Besitzern für ihren „Opfermut"...es wird sich jedoch lohnen, für viele Menschen und Hunde.

Samstag, 17. April.

Ich habe mich mit Takeos Besitzern in der Mitte der Strecke auf einem Rastplatz getroffen. Takeo hat sich über mich gefreut, war artig im Cafe, unserem Treffpunkt. Wir waren dann alle gemeinsam noch ein Stück spazieren. Keine besonderen Vorkommnisse, außer, dass Takeo bei Herrchen an der Leine gezogen hat. Ich bekam auch noch die Adresse des Hundetrainers, da ich vorhatte, ihn in unser Vorhaben einzubeziehen. Takeo ist wie selbstverständlich mit mir nach Hause gefahren.

Wir hatten uns geeinigt, dass die Besitzer alle Papiere behielten, ich bekam den Hund mit Impfpass. Über den Kaufvertrag und weitere damit sich ergebende Inhalte werde ich jetzt hier nicht sprechen, ist auch für die weiteren Entscheidungen nicht wichtig.

Die erste Mail der Besitzer, am Sonntag, 18. April:

>*Hallo Simone & Takeo*

>*na, wie war die erste gemeinsame Nacht? Wir zwei haben gestern abend als*
>*wir heimkamen unseren Lausbub ganz schön vermisst.*
>*Überall lag das Spielzeug im Garten und sonst wo verteilt und keiner da,*
>*der es herumgezogen hat... *:-(**

>*Wie ist denn mittlerweile der Kot und Takeos Appetit?*
>*Wir sind schon sehr gespannt, was bei euch so alles passiert???*
>*Herzliche Grüße & einen schönen Sonntag zusammen!*

>*Takeo-Frauchen und Herrchen*

Meine E-Mail-Antwort am gleichen Tag:

>Huhu,

>ja, das glaube ich euch sofort, dass das Leben einfach fehlt. Eben deswegen und
>weil ein Hund eigentlich dermaßen super in euer Leben passt, versuchen wir hier
>mal die nächsten Tage, ob ihr anhand der Mails ab jetzt versteht, was
>ihr ändern solltet. Ich habe mir überlegt, wir machen eine Art „Tagebuch" über
>Takeos Zeit bei mir. Wenn es bei euch „Klick" macht, wird es klappen, ganz
>bestimmt. Wenn ihr das wollt. Es ist durchaus möglich, dass eure beiden
>Hundetrainer Paul und Collin nicht ganz mit mir einer Meinung sind und manches
>vielleicht anders handhaben würden – aber eben diese Wege sollen ganz einfach
>zum Ziel führen.

>Hebt die Mails auf, ihr braucht hier nicht gleich antworten. Ich werde versuchen,
>weiter die nächsten Tage zu schildern... irgendwann kommt der „Klick" bei euch,
>ganz sicher. Ab da könnt ihr mit Leichtigkeit alle Fragen beantworten. Denkt nicht
>stundenlang über jede Sachlage nach, aber ein wenig überlegen könnt ihr schon.
>Wenn die Zeit für euch gekommen ist, fällt es euch ganz einfach wie Schuppen
>aus dem Haar.

>Folgender Vorschlag, überlegt mal, ob das für euch denkbar ist: Takeo bleibt hier
>bis zum 15. Mai. Das wären also knapp 4 Wochen. Dann treffen wir uns wieder,
>egal ob bei uns, bei euch oder wieder in der Mitte. Wir sind dann nämlich die
>Woche drauf mehrere Tage unterwegs. In dieser Zeit vereinbart ihr mit Paul
>und/oder Collin Einzel-Trainingsstunden. Merkt ihr, dass alles klappt, und
>wenns „klickt", soooo einfach ist und ihr euch über Takeo und eure
>Fortschritte freuen könnt, bleibt er bei euch. Sollte es nicht funktionieren oder
>ihr in der Zwischenzeit für euch das Thema Hund einfach anders ausfallen,
>bitte sagen.
>Okay, ihr werdet eine Entscheidung treffen, und so wie ihr sie trefft, ist es gut.

>Grüßla
>Simone

Zwischenzeitlich hatten wir uns telefonisch zur Übergabe und in Angriffnahme der „Rückführung" auf den neunten Mai geeinigt. Die Familie wollte Takeo eigentlich noch sieben Tage früher haben, da für eine Woche Bekannte mit ihrem Hund zu Besuch kommen. Und sich Takeos Leute so gefreut hatten, den Kleinen vorzustellen. Ich habe Ihnen – vielleicht nicht gerade einfühlsam, eher sehr bestimmend – erklärt:

Das es ein denkbar schlechter Einstiegszeitpunkt wäre. Sie könnten sich ja wieder nicht auf Takeo einlassen und ihr neues Denken umsetzen. Takeo kann einfach in Ihrem Fall - jetzt noch nicht - „nebenher" laufen. Sie brauchen ein wenig mehr „Lernzeit ohne Ablenkung" als manch andere Familien. Das haben die beiden dann eingesehen, bzw. sind von mir „eingesehen worden". Sie kamen mir in dem Moment eher vor wie Kinder, die zwar aufgeben, aber den Sinn nicht verstanden haben, warum das in ihrer Lage jetzt gerade so wichtig ist ...*puh*.

Schon nach wenigen Stunden mit Takeo hier bei uns war ganz klar, dass die „Verständigungsschwierigkeiten" nicht vom Hund kamen. Er ist schlau und hat schnell gelernt, alles für sich so umzusetzen, dass er mit sich dort gut klar kam und weiter neugierig war, wie weit er denn gehen könnte. Er erzog bereits die Familie, nicht umgekehrt.

Auch habe ich gleich mit dem Hundetrainer Collin telefoniert, der gar nicht so recht verstand, was denn nun eigentlich das Problem sei. Er habe Takeo und seine Besitzer in der einzigen Welpenstunde, die kurz vor der „Übergabe" stattfand, als „völlig unauffällig" wahrgenommen. Und hat auch nicht verstanden, warum sie nach dieser einen Stunde, in der ja auch noch nicht wirklich was gelernt werden konnte, nahezu „aufgaben". Klar auch, dass er nicht ahnen konnte, wie das Zusammenleben der Familie mit Takeo zu Hause schon leicht ins Wanken geraten war. Ich schilderte einige Beschreibungen der Leute und Collin wurde hellhörig. Er versprach, auf jeden Fall auch seinen Partner Paul zu informieren und ich versprach, mit ihnen in Kontakt zu bleiben und sie über das weitere Geschehen auf dem Laufenden zu halten.

Meine E-Mail am Montag, 19. April an Takeo-Besitzer:

>Hallo liebe Takeo-Leute,
>anbei schicke ich euch die erste Folge des Tagebuchs. Ich hoffe, bei euch kommt
>alles „richtig an" und wir finden bis zum Ende die richtige Lösung – für alle.

>Viele Grüße

>Simone und Takeo

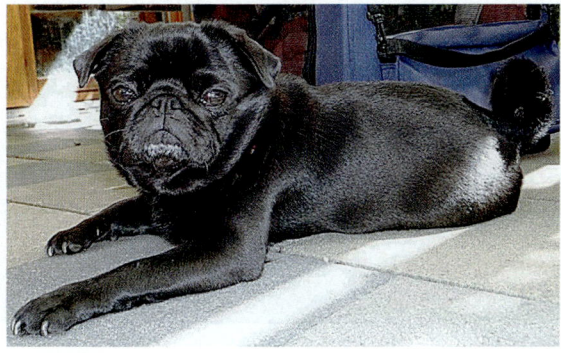

Sonntag, 18. April, 11.20 Uhr, Takeos 1. Tag bei uns.

Bis jetzt alles im grünen Bereich. Takeo hat den Garten gestern noch erkundet und ist beim Fische-Gucken prompt in den Teich gefallen. Ohne sich zu mucksen ist er ne Runde durchgeschwommen und hat sich anschließend mit Candy trockengerannt. In den Teich ist er wie gesagt gefallen. Er wird keine Erlaubnis bekommen, in dem Teich in unserem Garten zu schwimmen. Keiner unserer Hunde darf das bei uns im Garten. Allerdings dürfen sie auf Befehl bei Spaziergängen, wann immer es die Zeit gerade erlaubt, in anderen Gewässern rumplantschen.

Warum meint ihr, dürfen sie nicht in unserem Gartenteich schwimmen? Das weder der Teich im Garten ständig verwühlt ist, noch die Hunde immer nass sind, ist nur eine angenehme Folgeerscheinung!

Er hat gestern um 18 Uhr seine erste und einzige Mahlzeit ratz-fatz verputzt. Eine Stunde später sind meine Nachbarin und ich mit Takeo und Candy in ein 20 Minuten entferntes Restaurant gelaufen. Unsere Männer fuhren tatsächlich mit dem Auto. Ja stimmt, Takeo ist erst 12 Wochen alt und es sind 20 Minuten. Gut aufgepasst bei meinen „Werths-Echte-Tipps". Das geht schon mal ein paar Minuten länger, soll ja nur eine Faustregel sein. Aber eben nicht übertreiben!

Bin Takeo leider zweimal auf die Füße gestiegen, weil er mir in den Weg gelaufen ist. Schon hatte er allerdings verstanden, ohne einen Pieps von sich zu geben: dass da nicht ich ständig aufpasse, sondern er dies tun muss. Er ist die ganze weitere Strecke artig neben mir gelaufen. Was jetzt selbstverständlich KEIN Freibrief dafür ist, einem Hund ständig auf die Füße zu treten!!!

Takeo hat auch brav sein Geschäft am Wegesrand verrichtet, Gott sei Dank hatte ich die Tütchen nicht vergessen. Den Rest der Zeit durfte er nicht mehr Schnuffeln wo er wollte, sondern wir sind einfach zügig weitergelaufen. Was habe ich damit bezweckt? Dass wir pünktlich im Restaurant ankamen und meine Nachbarin nicht ständig auf mich und Hund warten musste, war nur ein angenehmer Nebeneffekt! Ich sags euch mal: Er soll lernen, dass der Mensch die Geschwindigkeit vorgibt. Er verselbstständigt sich sonst schnell, wird eselig auf ein Schnuffeln beharren, das Weitergehen seiner Menschen nicht beachten und immer trotziger seine Bedrüfnisse einfordern. Nach kurzer Zeit wird er wahrscheinlich versuchen, weitere Tagesabläufe zu beeinflussen. Unaufhörlich, sein ganzes Hundeleben lang.

Wenn ihr das nicht wollt, und davon gehe ich fest aus, müsst ihr handeln, und zwar VOR Takeo!!! Das wäre so möglich: Er darf an kurzer Leine erst einmal nie schnuffeln oder von selbst stehenbleiben. An langer Leine kann man das dulden, da es eben Umstände gibt, bei denen er nicht von der Leine darf und sein Geschäft verrichten soll, oder man gerade die Zeit hat und sich auch bewusst nehmen will, ihn „Zeitung lesen" zu lassen. Je älter er wird, desto mehr Freiraum kann man ihm geben.

Ein Kind in der Schule darf nicht einfach die Schulstunde beenden, so wie es gerade lustig ist. Es muss auf den Gong warten und darf keine SMS im Unterricht schreiben. Später hat man auch meist „geregelte Arbeitszeiten" – kann aber mal ne Mittagspause überziehen, Urlaub auf Überstunden nehmen oder abwägen, ob ein kurzer Blick in Facebook drin ist.

Haben also in Sams Restaurant mit Freunden gegessen und DSDS-Finale geguckt. Der Inhaber ist begeisterter Hobby-Sänger und auch wir wollten wissen, wer gewinnt. Candy und Takeo haben alles vollkommen verschlafen, obwohl der Fernseher seeehr laut war. Dann gab es noch ein Andenken-Handy-Foto mit dem Inhaber und Takeo auf der Theke!!! So gegen 22.30 Uhr sind unsere Männer mit dem Auto los, und wir Mädels mit Takeo heimgelaufen. Brav war er an der Leine, keine Angst vor Autos, keine Angst vor der Dunkelheit. Wir sind wieder zügig gelaufen, er hatte dadurch auch kaum Zeit zu überlegen, ob er denn Angst haben könnte.

Daheim dann eeendlich Zeit, um noch mal im Garten zu pullern. Sehr erleichtert war er im wahrsten Sinne des Wortes *gg*. Takeo durfte wie bei euch mit ins Schlafzimmer. Am Anfang hat er die Meersäue angebellt, wollte spielen. Nachdem er aber null Antwort bekam und wir uns schlafend stellten, war die Folge, dass er aufgegeben und sich hingelegt hat. Hier kann er ürigens nicht wie bei euch unters Bett (ihr dachtet ja, er hat Angst und macht es deshalb), da wir ein Wasserbett haben. Wir haben nix von ihm gehört die ganze Nacht. Ob er sich bei euch vielleicht unters Bett verkrümelt hat, weil er schon gecheckt hat, dass ihr da an ihn nicht rankommt ? Und er schon geschnallt hat, dass er schlicht und ergreifend nicht kommen muss, wenn ihr ihn ruft, da ihr ja wahrscheinlich kaum unters Bett passt?

Das war schon mal ein Punkt für Takeo.

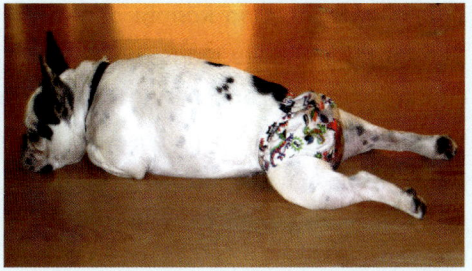

Heute, Sonntag, Takeos 2. Tag bei uns, 1. Hälfte:

Durchgepennt bis acht Uhr morgens, dann bin ich mit ihm in den Garten. Gekackert, wieder rein. Meine Resthunde waren noch müde und wollten nicht wirklich aufstehen. Er aber hatte gleich Spiellaune, war er ja schon gewohnt von euch, hm? Takeo hat den schlafenden Haufen mit Spielhopsern versucht zu beeindrucken, ein paar Sekunden beobachtet, überlegt und sich dann aufgebend neben die Bande gelegt und gedöst. Dies war eine hervorragende „1+" für den kleinen Kerl im Verstehen der Hundesprache.

Seine Morgenration Futter hat er bis jetzt von mir stückchenweise aus der Hand bekommen, für Rufen und sofort Herkommen, für Sitz, für Platz, für mir in die Augen gucken... . Habe mit ihm mit nem Stöckchen gespielt, er hängt sich dran fest, das macht ihm Spaß. Habe ihn einmal gewinnen lassen, mir es dann wieder geholt und "aus" geübt. Hat gut geklappt. Ich kriege beim Spielen mit ihm nur normale kleine Welpenzahn-Piercings ab – bei Annika hat er aus Versehen einmal Beinhaut erwischt durch die Jogginghose - nach ihrem "au" ist es nicht mehr passiert.

Er weiß schon seit heute morgen, dass man als Hund bei uns nicht in die Küche darf. Beigebracht habe ich es ihm mit einem scharfen „NEIN" und vorgestreckter Hand. Immer, jedes Mal!! Das kann dann – eben ab eurem Tag X – schon so zehnundzwanzig Mal hintereinander nötig sein. Immer, jedes Mal, wenn ihr das übt!!! Logisch probiert er es ab und zu, ob dieses „NEIN" immer gilt.

Aber ich muss nur noch Luft holen, dann flitzt er bereits artig aus der Küche, da er mein "gebelltes scharfes RAUS" in Verbindung mit einem Vorbeugen von mir und gestreckter Hand vor seinem Kopf gar nicht mag. Ein „NEIN" gilt also IMMER , lernt er.

Aus welchem Grund könnte das Ausgrenzen im Haus aus einem bestimmten Bereich (ohne dass man eine Tür schließt) für viele weitere Gegebenheiten im späteren Hunde-Menschen-Zusammenleben wichtig sein?

Wir haben dafür die Küche ausgewählt, da der Raum eh sehr klein ist – geht aber im Prinzip mit jedem anderen Raum im Haus. Wohnzimmer oder Aufenthaltsküche fände ich allerdings – menschlich gesehen – gemein.

Sitzenbleiben vor dem Napf und mit mir Augenkontakt aufnehmen, bevor er Fressen darf, ist ihm gestern sehr schwer gefallen. Da er bei uns ja nur einmal aus dem Napf Futter bekommt, wird das auch noch einige Zeit dauern, bis es klappt. Also halte ich ihn so lange vor dem Napf fest, bis er mir auch nur Bruchteile von Sekunden in die Augen schaut – dann gebe ich ihn sofort mit einem Auflösungswort „frei".

Warum glaubt ihr, könnte die Futternapf-Übung wichtig sein?

Wir hatten ja bei einem eurer Besuche darüber gesprochen, dass meine erwachsenen Hunde dies auch tun und es eine wunderbare „Schau mal" - Übung ist. Warum habt ihr das nicht übernommen? Was kann man dadurch beim Hund irgendwann erreichen und für ganz viele spätere Momente erzieherisch einsetzen?

Raubtierfütterung

Im Moment liegt Takeo übrigens gerade unter meinem Stuhl und schläft.

Nächste Etappe heute wird ein "geglaubtes Alleinbleiben" im Wohnzimmer sein - bin gespannt und werde berichten, ob er wie bei euch „hysterisch" reagiert.

Meine nächste E-Mail am Dienstag, 20. April an Takeo-Besitzer:

>Hallo ihr,
>wir haben ja zwischenzeitlich schon telefoniert. Und da ich förmlich noch die vielen
>Fragezeichen in euren Köpfen habe summen hören, schicke ich zum Nachlesen
>nochmal den zweiten Teil des Sonntages:

>Viele Grüße von Simone und nen dicken Schmatzer von Takeo.

Sonntag, 18. April, nach 11.20 Uhr, immer noch Takeos 2. Tag bei uns, 2. Hälfte:

Das "geglaubte Alleinbleiben" am Sonntag hat prima geklappt. Rolf, Annika und ich sind gemeinsam mit den anderen Hunden aus dem Haus. Rolf und Annika luden in unserer Einfahrt direkt am Haus unsere Hunde ins Auto und fuhren weg. Während dieser Zeit habe ich mich draußen um die Ecke vor unserem Esszimmer-Fenster verschanzt. Von dort aus kann ich weite Teile im Haus überblicken und Takeo beobachten.

Takeo stand noch an der Haustür, von der das Auto wegfuhr. Hm. Er schien zu überlegen.

Ist etwas unschlüssig umher gelaufen, hat mal kurz an ner Kaustange gezuzelt, sich dann auf eine der Hundedecken niedergelassen und lag dann da. Einfach so.

Was nicht heißt, dass er bei einem Alleinbleiben etwas später auch mal was umschmeißt, ner Pflanze Blätter abrupft, ne Sandale zerkaut oder ähnliches... das wäre normal für sein Alter. Auch mal fordernd jaulen oder bellen wäre normal, da er ja ausprobiert, ob sich irgendwann mal dadurch was tut. Auch nur irgendwas tut. Und sei es nur, der Mensch flippt etwas durch die Gegend, wenn er nach Hause kommt. Strike.

Als die Resthunde wieder da waren von ihrem Ausflug, habe ich alle Hundis einmal durchgekämmt, bei Takeo waren es exakt 15 Sekunden, das reicht völlig aus in dem Alter.

Am Spätnachmittag veranstaltete ich noch ein Futtersuchspiel in der ersten Etappe mit ihm. Ich habe ihn im Garten an einen Pfosten angeleint. Ein "BLEIB" gesagt und betont auffällig einige seiner Futterbröckchen in der Wiese verteilt. Er war noch ziemlich unaufmerksam, bockig, wollte von der Leine los, quengelte.

Als er endlich Ruhe gab, habe ich ihn abgeleint, noch vor der Brust festgehalten und gewartet, bis er mir kurz in die Augen schaute und mit "SUCH" aufgelöst. Er hat nur zwei Brocken selbstständig gefunden, kein Wunder nach seinem Gebockel vorher. Er hat sich null drauf eingelassen, fand es nur völlig bescheuert, dass er angebunden war.

Dann habe ich mit ihm gemeinsam den Boden abgesucht. Und was haben wir uns gefreut, wenn wir wieder ein Teilchen zuammen gefunden haben. Fressen durfte er sie allein, ich hatte gerade keinen Appetit auf Hundefutter.

Diese Futtersuche haben wir auch bei uns erst vor ein paar Jahren eingeführt, da war Roxy noch in bestem Alter. Sie konnte natürlich „SITZ" und „BLEIB", auch während ich das Futter im Garten verteilte. Sie sah aber auch nur mit einem Auge zu, was ich denn plötzlich für seltsame Anwandlungen habe. Jedenfalls suchte sie nach dem Auflösewort eher gelangweilt ein wenig den Boden ab, fraß drei Happen und legte sich hin. „Ich bekomme ja gleich mein Futter im Napf vorgesetzt, wozu soll ich mich denn jetzt anstrengen" sagte der leicht mißbilligende Blick auf mich. Ha, von wegen! Frauchen hat mittlerweile auch ein wenig Erfahrung und machte Folgendes: Es gab kein Abendessen für den Hund. Jawoll. „Allmäääächt" würde jetzt der Franke sagen – „der arme Hund – er wird die Nacht nicht überleben". Hat sie doch. Und am nächsten Spätnachmittag nochmals die Möglichkeit bekommen, ihr Futter im Garten zu suchen. Jeden einzelnen Brocken hat sie gefunden. Und wie es ihr seitdem – und das bis heute immer noch – einen riesen Spaß macht, ab und an ihr Futter mit der Nase zu suchen. Diese ist nämlich noch ganz gut heile, im Gegensatz zu ihrem Rücken, ein paar Knochen und dem Gehör. Wer rastet, der rostet.

Bounty von Werthers Echte

Candy und Amani

Montag, 19. April, Takeos 3.Tag bei uns:

Mit meinem Frühstück ging ich in den Garten. Takeo war mit draußen, die anderen Hunde im Haus. Ich habe den kleinen Kerl angeleint, wieder ein "BLEIB" gesagt (er soll an dieser Stelle bleiben, egal ob stehend, liegend, sitzend oder als Kerze) und sein Frühstück um mich rum in der Wiese verteilt. Er hat aufmerksam zugesehen. Abgeleint, festgehalten, auf Augenkontakt gewartet, "SUCH" gesagt. Während ich gegessen habe, hat er sein Futter mit der Nase gesucht. Ich habe geknörpselt, er hat geknörpselt. Nachdem er fertig war, hat er sich zufrieden an meine Füße gelegt.

Was kann ich durch diese Anlein-Futter-Übung im eigenen Zuhause bei einem Hund erreichen?

Dass der Hund eine Zeit lang mit der wichtigsten Sache in seinem Leben beschäftigt ist und sich dabei echt anstrengen muss, ist wieder nur ein angenehmer Nebeneffekt.

Amani und Lucky in froher Erwartung

Candy hat schon☺

Ne Stunde später war ich mit ihm und Roxy ne kleine Runde spazieren. Gepieselt hat er erst danach im Garten. Obwohl die Althündin ihn nicht ablenkte, hatte er keine Zeit gefunden - oder auch noch nicht den notwendigen Schneid gehabt - außerhalb zu pinkeln. Ein völlig normales Verhalten in dem Alter.

Im Wohnzimmer bekam er ein Stück getrockneten Pansen, habe ihn nicht weiter beachtet und alle Resthunde im Auto zum Einkaufen mitgenommen. Nach etwas über einer Stunde war ich wieder zu Hause, er hat nichts angestellt, war völlig entspannt, der Pansen verputzt.

Um 17 Uhr fuhr ich mit Takeo und Lolli zum Tierarzt, da Lollis Kastrationsnarbe kontrolliert wurde. Auch hier beziehe ich ihn einfach in den Tagesablauf ein, schaffe eine neue Erziehungsmöglichkeit, ohne großen zusätzlichen Zeitaufwand. Im Wartezimmer wollte er unbedingt zu einer Katze. Habe ich mit einem „NEIN" nicht zugelassen und ihn zurückgezogen. Er fing an zu quengeln, da habe ich ihn kurz am Fell gezupft. Das fand er ganz blöd, hat sich umgedreht und mich leicht "angemacht". Ich habe ihn sofort fester am Kinn gepackt, ein "EHEH" geknurrt und er legte sich hin. Weitere zehn Minuten Wartezeit verliefen völlig entspannt. Außer, dass ich ein paar böse Blicke geerntet habe von menschlichen Mitinsassen des Raumes *gg*. War ich doch sooooooooo fies zu dem kleinen putzigen Hund. Einige der weiteren Hunde hechelten wie verrückt, jankten herum oder wollten mit Besitzer an der Leine hängend im Schlepptau aber ganz schnell diese Stätte verlassen.

Warum habe ich ihn nicht zu der Katze gelassen? Welchen Sinn macht das für viele weitere Situationen?

Nicht nur, dass es die Katze bestimmt sehr genervt hätte! Wer zieht, kommt zu nix. Im Wartezimmer benimmt man sich „anständig".

Das Sitzenbleiben vor dem Futternapf abends, immer noch mit an der Brust festhalten, waren nur noch vier Sekunden, er hat mir in die Augen gesehen und ich habe aufgelöst.

In die Küche geht er nicht mehr. Wenn ich drin bin, bleibt er artig davor sitzen. Was nicht heißt, dass er es irgendwann wieder probieren würde. Das machen auch unsere erwachsenen Hunde ab und an. Vor allen Dingen, wenn sie glauben, ich sehe es nicht. Da muss ich mich nur kurz räuspern, der „Sünder" zuckt zusammen und verlässt blitzschnell den Raum.

Dies erreicht man, in dem man ihn JEDES MAL, wenn er die erste Kralle über die Schwelle setzt, wieder rausbugsiert.

Hat man gerade was anderes zu tun oder ist nicht anwesend, Küchentür einfach in der Zeit schließen. Dann aber wieder „dran bleiben" – das sind am Tag höchstens zwei Minuten zusammengenommene Zeit, die man dafür aufbringen muss. Dies kann bei einem Hund ohne Zuchtziel „Wesen geeignet für Familien" schon mal etwas länger dauern, also nicht verzagen. Oder auch länger dauern, wenn Hund schon weiß, dass seine Familie bis jetzt immer schnell aufgegeben hat, wenn denn er nur hartnäckig genug geblieben ist.

Hm, wo denn genau die Türschwelle ist, sind wir schon auch mal unterschiedlicher Meinung.

Dienstag, 20. April, Takeos 4. Tag bei uns:

Um 8.30 Uhr kam Takeos Schwester Keiko, die ja bei der Familie in unserem Ort geblieben ist, zur Tagespflege. Frauchen arbeitet stundenweise in der Stadt in einem Amt. Demnächst will sie Keiko auch mitnehmen, die Erlaubnis hat sie. Da aber in Keikos Alter - wenn irgend möglich - das Spielen bei uns im Garten noch mehr Spaß macht als arbeiten, hat Keiko noch zwei Wochen Urlaub, bevor sie ins „Berufsleben" einsteigt.

Keiko und Takeo haben gespielt wie irre, sich sehr übereinander gefreut. Herrlich. Aber anstrengend für mich. Kaum eine Möglichkeit, irgendwelche Regeln durchzusetzen, wenn sie gerade in „Spiellaune" sind. Ist für einen Tag auch okay, hätte ich beide ständig, müsste ich zwischendurch trennen, um überhaupt Einfluss haben zu können. Boah, liebe Zwillings- und sonstige Mehrlings-Menschenkinder-Mütter, ihr habt echt all meinen Respekt!!

Ein ausgeglichenes Spiel: Einmal erlegt Keiko ihren Bruder…

…und dann sitzt Takeo auf seinem Schwesterlein

Klar, Keiko fiel natürlich auch in den Teich, das Trockenrennen mit Takeo fand sie ganz klasse. Ratz-fatz durch die offene Terrassentür ins Haus, Keiko vorne dran, Takeo sofort hinterher, die Dreckpfötchen waren überall. Keiko ist drinnen noch schnell durch den großen Wassernapf gelaufen, hat sich gefreut wie Bolle und den ganzen Wohnzimmerboden vollgematscht. Im Garten haben sie nach der Matscherei noch eben mal gemeinsam ein paar Pflanzen plattgemacht. Es sind zwei Kinder, die toben und riesigen Spaß hatten *brummel*.

Um 15 Uhr wurde Keiko wieder abgeholt. An diesem Nachmittag habe ich Takeo nur ab und zu mal gerufen, wenn er mit rein oder wieder mit in den Garten sollte. Hat er gut gemacht. Er quengelte nur kurz, hat sich dann aber im Haus hingelegt und Ruhe gegeben, draußen hat er Stöckchen gekaut, was völlig in Ordnung war. Mehr habe ich ihm aber nicht mehr erlaubt. Er sollte etwas runterfahren, nicht noch mehr aufdrehen. Auch übten wir nach Keikos Abholung an diesem Tag nix mehr.

Warum habe ich die Zeit am Nachmittag nicht noch genutzt, sondern einen Erziehungsstopp eingelegt?

Nicht nur aus dem Grund, dass auch ich leicht „entnervt" von dem doch anstrengenden Geschwister-Nachmittag war und keinen Bock mehr auf Erziehung hatte, nachdem ich das Haus wieder auf Vordermann gebracht hatte!

Ich erhielt darauf keinerlei Antwort. Okay, sind eben noch am Denken. Oder haben grad mal wirklich keine Zeit. Kein Ding, ich bleibe einfach dran.

Was hat sie denn, Candy?

Hm, glaube alles im grünen Bereich, Takeo.

Takeos Tagebuch Teil 3 – Frust nicht nur für Vierbeiner:

Meine nächste E-Mail am Freitagmorgen, drei Tage später, an Takeo-Besitzer:

>Hallo ihrs, ich bin es schon wieder. Anbei sende ich euch weitere zwei Tage aus
>Takeos Aufenthalt bei uns.
>Liebe Grüße

>Simone

Mittwoch, 21. April, Takeos 5. Tag bei uns:

Takeo, Lolli und ich fuhren zum Einkaufen. Beide haben artig im Auto auf mein Zurückkommen gewartet. Danach waren wir ein Stück spazieren, haben dreimal „KOMM" geübt, zweimal "SITZ und BLEIB", ich ein Stück weg, ihn dann hergerufen. Hat wunderbar geklappt. Klar nutze ich hier „Takeos Vorbild Lolli" dafür. Sie macht sofort (meist *räusper*) was ich sage und Takeo kann „abschauen". Klar ist es ohne einen gut erzogenen „Althund" etwas langwieriger. Aber ich habe nicht alle Zeit der Welt, da Takeo nur einen kurzen begrenzten Zeitraum hier ist. Außerdem könnt auch ihr andere gut erzogene Hunde und ihre lernwilligen Halter (zum Beispiel aus der Hundeschule) bitten, mit euch ein paar Übungen zu gestalten. Da helfen garantiert einige gerne. Das ist durchaus auch mit gleichaltrigen Vierbeinern möglich – nur vorher wirklich absprechen, was heute getan wird.

Dann habe ich ihn zu Hause mit einem wohlschmeckenden Gutzi alleine gelassen, die Resthunde eingepackt und ging mit denen ne Stunde entspannt laufen.

Wieder heimgekommen, mit Takeo kurz gespielt, sobald er zu heftig wurde unterbrochen, dann sofort weitergespielt. Mit Zerrseil, das hat ihm Spaß gemacht. Mal ihn gewinnen lassen, mal ein "AUS" geübt, einfach so nebenbei.

Den Rest des Tages nicht mehr um ihn gekümmert, in der Zeit arbeitete ich ohne Störung an zwei Bilderrahmen-Aufträgen.

Abends war ich mit ihm allein noch mal 15 Minuten spazieren, zwei klitzekleine Übungen gemacht. Dann fuhr ich mit Takeo zu meinem „Stammtisch". Das sind ein paar frühere Kollegen, wir kennen uns schon ewig aus Zeiten, in denen wir zusammen in einer Werbeagentur gearbeitet haben.

Wir gehen immer noch als „harter Kern" alle zwei Wochen miteinander essen.

Klar, ich hätte Takeo auch mit ins Restaurant nehmen können. Aber, ich nutzte diese Zeit lieber anders. Er sollte allein in seiner Box im Auto warten. Allerdings bekam er zur schöneren Gestaltung sein Abendessen, plus eine Kaustange, plus Wasser. Und selbstverständlich war die Temperatur für ihn angenehm. So war er sehr entspannt als ich wieder zum Auto kam und noch nicht mal Futter-Knusper-Staub war übrig.

Später, wenn Takeo älter ist, wird er auch ohne Futter geduldig im Auto warten – denn er verbindet es mit dem schönen Kindheitsgefühl.

Nach dem Essen sind der „Stammtisch" und ich noch zu einem in der Nähe gelegenen Bauernhaus mit riesigem Garten gefahren, das meine Ex-Kollegin kürzlich geerbt hat. Takeo ist wie ein Irrer durch den verwilderten Garten gesprungen, hat seinen ersten Fasan gesehen und auch sein Geschäft verrichtet, während wir eine „Führung" erhielten. Der Tag ging nicht nur für ihn spannend und erfüllt zu Ende.

Wieviel Zeit und in welcher Ausdehnung habe ich nun an diesem Tag für Takeo „geopfert" ?

Donnerstag, 22. April, Takeos 6. Tag bei uns:

Er hat wieder sein Frühstück im Garten gesucht, macht er schon recht fix. Takeo ist dabei immer noch angeleint, aber schon viel ruhiger und verfolgt aufmerksam, wo ich die Brocken hinwerfe. Diese Futtersuche sollte man wirklich nur im eigenen Haus und/oder Garten machen, da die Hundenase natürlich unweigerlich auch trainiert wird. Jegliche versuchte Futteraufnahme außerhalb des eigenen Bereiches streng unterbinden. Es gibt wirklich „Kranke Menschen", die nicht unbedingt Hundehasser sind, sondern nirgendwo „Macht" haben und Hackbällchen gespickt mit Rasierklingen, Glasscherben oder Rattengift auf Hunde-Gassi-Wegen auslegen.

Wir waren allesamt beim Tierarzt, ach, wie artig Takeo doch im Wartezimmer war! Alle haben noch mal eine Ladung „Anti-Milben-Ex" bekommen. Sie kratzen sich jetzt übrigens im hundeüblichen Rahmen (machen sie auch manchmal, wenn sie „nachdenken") und knabbeln sich mal kurz bei ihrer üblichen Selbstreinigung. Gott sei Dank, das ist erst mal überstanden. Takeo hat sich bei der „Salbung" von der Tierarzthelferin etwas weicheiig benommen, allerdings war sofort danach alles wieder gut.

War mir ja echt peinlich, dass ich die Milben bei der Welpenabgabe nicht bemerkt hatte. Dachte, es sind „Aufregungsschuppen". Da ihr aber so aufmerksam wart und gleich gemeldet habt, dass Takeos Kratzen immer schlimmer wird, haben wir es bei allen Welpen und unseren erwachsenen Hunden recht schnell in den Griff bekommen. Vielen Dank nochmal.

Wisper...wisper...Milben..wisper...wisper ...kratzen...wisper...

..hm? Ne, wir haben nicht geflüstert...

Tagsüber habe ich viel gearbeitet, aber auch einen neuen „Tag X" mit Takeo eingeläutet. Und zwar an der offenen Terrassentür: "Wir gehen nicht ständig raus und rein wie wir wollen, sondern warten, „bis Cheffe das OKAY gibt". Das beherrschen unsere Hunde sehr gut, Takeo war das bisher gar nicht aufgefallen. Oder wunderte sich

wahrscheinlich nur, warum die denn nicht mit ihm rein- oder rausgehen, wann immer es ihm beliebt. War ich in der Nähe der Terrasse, habe ich die Tür aufgemacht. Jedes Mal, wenn er von selbst rein ist, habe ich ihn wieder rausgeschickt. Oder eben vorher mit einem „NEIN" und meiner Hand gestoppt. Saß Takeo mal nen Augenblick artig vor der Tür und hat mich beobachtet, habe ich ihn mit Rufen reingelockt und mit Streicheln belohnt. Hatte ich keine Zeit, die offene Tür und Hund im Auge zu behalten, wurde sie ganz einfach kurzerhand von mir geschlossen.

Warum übe ich jetzt die Regel mit der Terrassentür im eigenen Reich?

Es besteht ein weitaus größerer Sinn in dieser Übung, als nur einen ständig - bei jedem Wetter - raus- und reinrennenden Hund zu haben, der dabei Dreck, Blätter und Regenmatsche im Haus verteilt ohne Ende!

Regenmatsche???
Gibt es in Deutschland nie...

...wir haben immer 24 Grad und Sonnenschein
breitgrins

Am Spätnachmittag kam eine langjährige Kundin vorbei, um sich ihren Unikatrahmen abzuholen. Sie hatte ihren kleinen Mix-Rüden namens Erkannnix dabei. Dieser witzige Kerl hat meine Kundin voll im Griff. Im Gegensatz zu euch, ihr habt ja schnell gemerkt, dass was schief läuft und Hilfe gesucht, ist für die Kundin der Hund an allem Schuld. Ich hatte es damals geschafft die Kundin zweimal zu bewegen, in eine Hundeschule zu gehen. Sie hat schnell gemerkt, dass sie an sich selbst arbeiten muss, damit ein Hund folgt... das war ihr leider zu anstrengend. Da konnte ich mir dann aber so was von den Mund fusselig reden...

Ich habe diesem Hund als er Welpe war „SITZ" und „PLATZ" beigebracht und seinem Frauchen gezeigt, wie das geht. Erkannix freut sich ein Loch in den Bauch, wenn er das ab und an mal für mich tun kann. Ihr müsstet mal sehen und hören, wie er abhaust hinter der gläsernen Haustür seiner Leute, wenn er draußen einen anderen Hund sieht. Auch hier habe ich Lösungsvorschläge angeboten - tja, aber das ist ja anstrengend. Schon, aber eigentlich nur für ein paar Tage, und danach hat man lange Zeit einen zufriedenen, entspannten Hund. Erkannix sucht aber nach „Klarheit". Und „selbstverständlichen" Grenzen. Alle Erklärungen, warum er dies macht, und wie man dem Einhalt gebieten kann, haben nicht gefruchtet. Er würde ihr „leid tun", er hat „ja sonst keine Freude". Also soll er eben das ganze Haus zusammenkläffen. Zur Verteidigung der Kundin ist allerdings anzumerken, dass ihr dieser Hund damals förmlich „vom Himmel vor die Füße gefallen" ist. Aber sie liebt ihn sehr, das möchte ich nochmal betonen.

Jedenfalls hat Takeo den Erkannnix schwanzwedelnd begrüßt. Erkannnix zeigte kaum Regung, er hat es nicht so mit Junggemüse. Dann versuchte Takeo, ihn durch Anbellen zu irgendeiner Regung zu bringen. Nichts. Einzig und allein nicht angeguckt hat Erkannix den kleinen Wicht, der – nur äußerlich –- schon größer war als er.
Also hat Takeo sich irgendwann gesagt „du mich auch", ihn links liegengelassen und sich Wichtigerem gewidmet. Ja, von den Hunden untereinander können wir Menschen viel lernen.

Bereits bei Saugwelpen gibt es Enttäuschungen, und die sind für die Entwicklung sehr wichtig. Bei größeren Würfen gibt es eine natürliche „Dämpfer", weil immer wieder mal ein Welpe einen anderen von der Zitze abdrängt.

Bei kleinen Würfen hingegen kann man dieses wichtige Enttäuschung-aushalten-aber-nicht-aufgeben herbeiführen: In dem man den Welpen von einer Zitze „abploppt", und ihn dann die Zitze wieder suchen läßt.

Abends hat Takeo draußen gefressen, die restlichen Hunde waren mit uns Menschen im Haus. Nach dem Futtern hat er sofort gepinkelt, dann wollte er gerne rein. Die Terrassentür war zu und ich hatte nicht gleich geöffnet. Sofort gab es Genöle, an die Scheibe gesprungen wie verrückt, er wurde leicht hektisch. Keinerlei Aufmerksamkeit kam von uns „Innenlebenden" an das „Untier jenseits der Terrassentür".

Die Scheibe sah aus wie Sau, da er ständig mit seinen Dreckpfoten dagegensprang. Egal, kann man wieder wegwischen. (Das wird übrigens auch beim erwachsenen Hund nicht wirklich besser mit der Sauberkeit der Scheiben, da sie dann ihre Schnauzen ständig dran plattdrücken.) Wie, kann man abgewöhnen? Ja. Kann man. Macht aber glaub ich keiner. Oder?

Als Takeo endlich nach so gefühlten - eher gehörten - drei Stunden kurz ruhig war (21, 22 im Kopf zählen), habe ich die Tür aufgemacht, ihn kurz warten lassen, auf seinen Blick in meine Augen mit Kommando reingelassen.

Wir würden NIEMALS eine Scheibe beschmutzen!!!

Fenja und Clarito

Unsere Nachbarn haben mir diese Übung Gott sei Dank verziehen, sie meinten auch, es wäre allerhöchstens eine laute Minute gewesen.

Das war wieder so eine kleine Enttäuschungsübung – dies aushalten lernen und nicht gleich ausrasten, ist wichtig. Auch bei Menschenkindern übrigens.

Bis die Tage mal wieder, ich habe natürlich auch heute (Freitag, 23. April) vor, eine spannende neue Sache für ihn in den Tag einzubauen. Das ergibt sich ganz einfach aus einer Fahrt, die ich ohnehin erledigen muss. Dauert mit ihm dann etwas länger, aber das nehme ich in Kauf. Er teilt ja schließlich jetzt im Moment das Leben mit mir und ich will genau diese schnelle Lernphase nicht ungenutzt vorüberstreichen lassen.

Am Freitag, 23. April, kamen zwei E-Mails mit Fragen von Takeo-Frauchen, die ich dann „zwischen den Zeilen" beantwortet habe:

E-Mail 1 von Takeo-Frauchen an mich:
>*Betreff: Re: Takeo die Dritte*

>*Hallole Simone,*

>*also, das hört sich ja alles richtig klasse und nach "funktioniert ja*
>*super" an - und ich freue mich sehr. Auch wenn ich mir gut vorstellen*
>*kann, dass du die "Takeo-Erziehungszeiten" zusätzlich einplanen musst.*

>„Wieder heimgekommen, mit ihm kurz gespielt, sobald er zu heftig wurde
>unterbrochen, dann sofort weitergespielt."

>*Was heißt genau, zu heftig? Wie zeigt sich das bei dir und wie genau*
>*unterbrichst du das Spielen? Gehst du für ein paar Sekunden weg und*
>*unterbrichst den (Blick-)Kontakt?*

>Nein, mache ich nicht. Dauert erfahrungsgemäß viel zu lange, bis man aufsteht,
>weggeht... es müsste sehr „zackig" sein. Der Welpe sieht sonst den
>Zusammenhang nicht, wenn das Timing nicht stimmt.

>Du kannst Takeo zackig hochheben und in seinen Laufstall setzen. Dann aber
>auch die garantiert sehr schnell einsetzenden Frustschreie aushalten. Oder,
>wird er euch im Spiel zu heftig und "mault nach", was er hier bei mir bisher zweimal
>gemacht hat, kannst du ihn ganz schnell und ruhig etwas ruppig mit einer Hand
>unterm Kinn packen. Dabei drehst du seinen Kopf mit dieser Hand am Kinn
>so, dass er dir in die Augen sehen muss. Und du „knurrst" dein
>„NEIN" oder ähnliches. Ist er still, sofort wieder loslassen und freundlich mit ihm
>sein.
>In beiden Situationen musste ich ihm das nur einmal kurz „erklären", er hat sofort
>verstanden, dass ich das Nachmaulen nicht dulde. Beim Menschenkind würde
>man übrigens einfach die Hand weglassen, (also nicht am Kinn packen!), nur die
>Aufforderung geben, es soll Dir in die Augen sehen und du sagst dein Anliegen mit
>leichtem Nachdruck in der Stimme.

>Es gibt unter anderem auch noch diese Möglichkeit, wenn kleinere Kinder von nem
>„Zwick-Hund" befallen werden: Zwickt der Welpe immer wieder ein Kind des Hauses
>beim Spielen, also wird er zu heftig, sollte das Kind der Mutter oder dem Vater
>"petzen dürfen". Heißt, das Kind selbst sollte ruhig stehenbleiben, bis die gerufene
>erwachsene Hilfe naht. Wenn das Kind haut oder schreit, kann es eine Art
>Gerangel geben, da das Kind rangmäßig für den Hund gleichgestellt ist. Ein
>Elternteil hingegen geht ruhig auf Kind und Hund zu und hebt den Hund "aus seinem
>vermeintlichen Spiel". Einfach nehmen und ihn mit gestreckten Armen hochheben.
>Das Gefühl ist für den Hund ätzend, einmal im Kreise drehen (ohne Worte, nicht
>freudig), Hund ist abgelenkt. Kind kann in der Zeit aus „dem Spiel" gehen
>oder stehenbleiben, wie es will. Der Hund wird wieder abgesetzt, kurz mit einem

>Spielchen abgelenkt und wieder "sich selbst überlassen".
>Eventuell wiederholen, bis der Hund keinen Spaß mehr am „Kindzwicken" hat. Also:
>In dem Fall nicht das Kind hochheben und „retten", sondern dem Hund sagen „so
>geht das nicht".

>„Dann fuhren wir zusammen zu meinem Stammtisch",,,
>Klar, ich hätte Takeo auch mit ins Restaurant nehmen können. Aber, ich nutzte
>diese Zeit lieber anders. Er sollte allein in seiner Box im Auto warten. Allerdings
>bekam er zur schöneren Gestaltung sein Abendessen, plus einer Kaustange, plus
>Wasser. „

>*Gute Anregung, wenn er mal bei etwas nicht dabei sein kann oder soll... !*

>Ja, schon, aber eigentlich geht es hier um Allein-bleiben-üben an anderen
>Orten. Also auch wieder Frust aushalten. Aber nur leicht, denn er hat ja
>das Futter als „Anfangshilfe" – wie angenehm, da vergisst man glatt, dass man
> alleingelassen wurde.

>„Donnerstag: Er hat wieder sein Frühstück im Garten gesucht, macht er schon recht
>fix. Er ist dabei immer noch angeleint, aber schon viel ruhiger und verfolgt
>aufmerksam, wo ich die Brocken hinwerfe."

>*Hab ich noch nicht ganz verstanden: Weshalb leinst du ihn an und mit*
>*welchem Kommando lässt du ihn dann sein Fressen suchen?*

>Es geht dabei um viele verschiedene Punkte, die man mit so einer Übung vereinen
>kann:
>1. Das Anleinen und "BLEIB" sagen. Er kann in seinem Alter in dieser Situation
>noch nicht unangeleint an einer Stelle bleiben, da der Reiz des „Sofort-was-tun-
>Wollens" zu groß ist. Er lernt trotzdem, "BLEIB" heißt, eben an einer Stelle bleiben
>zu müssen. Er wird aber nach der ersten Enttäuschung mit Quengeln und Sträuben
>und allem, was dazu gehört, doch irgendwann neugierig werden und mich
>beobachten. Boah, ich verteile was, und er kann nicht gleich hin.
>Das - ja eigentlich so überflüssige - Wort „BLEIB" wird noch ganz wichtig für dich

>und Takeo, da du es schon bald „menschlich unbewußt" für deine unnachgiebige

>Nachdrücklichkeit verwenden wirst: Du sagst zu Takeo „SITZ". Dem kurzen Wort

>gibst du dann mit deinem „BLEIB" (mit vorgestrecktem Arm und offener

>Handfläche Richtung Hund) unserem menschlichen Gefühl nach mehr Gewicht und

>strahlst das auch aus! Er muss nun solange dort sitzenbleiben, bis du ihm die

>Erlaubnis gibst, wieder aufzustehen. Du gehst außerdem während des „BLEIB-

>Sagens" zusätzlich ein Stückchen weg von ihm. Kehrst darauf zu ihm zurück oder

>rufst ihn zu dir, wenn er artig (nur ein paar Sekunden am Anfang) auf seinem Hintern

>geblieben ist. Später kannst du dieses „BLEIB" auch verwenden, wenn er mal bei

>Freunden eben BLEIBEN soll. Er weiß dann, alles ist gut, du kommst wieder. Steht

>er auf, verbesserst du ihn sofort, in dem du ganz zu ihm hingehst (auch, wenn er

>sich vorher schon wieder setzen sollte). Die Übung nochmals beginnen, bis

>er hoffentlich nicht mehr aufsteht.

>2. Bekomme ich so seine Aufmerksamkeit, er wird später dadurch auch in anderen

>Augenblicken mich beobachten, ob ich was Interessantes tue, bei dem er

>mitmachen könnte. So habe ich seinen Blick auf mir, nicht auf einen anderen Hund,

>Hasen oder andere Ziele.

>3. Ist es gleichzeitig wieder eine Frust-Übung, die ganz ganz wichtig ist, damit er

>später nicht quengelnd, kläffend, ziehend, heulend... mit euch durch die Welt geht.

>Das wäre übrigens übertragen ähnlich wie bei einem „typischen AK".

Anmerkung der Redaktion: Über diese „AK" hatten wir uns mit den Takeo-Besitzern bei einem ihrer Besuche unterhalten. Wie, Sie wissen nicht, was ein „AK" ist? Dann fragen Sie einfach mal Michael-Mittermaier-Fans, die können es Ihnen genau sagen!

| Ob wir wissen, was ein AK ist? | Sicher, sicher. |

>Takeo lernt also, zu Hause gehorsam zu sein und Regeln zu beachten.
>Wenn er das im eigenen Haus nicht lernt, wird er außerhalb erst recht nicht folgen.
>Diese Übung kann man später erweitern und super für bestimmte Situationen
>nutzen. Er bleibt dann auch ohne Leine brav sitzen und wartet, bis er seine Ansage
>bekommt. Erst auflösen, wenn er euch in die Augen schaut, eben „nachfragt" –
>naaaaaa, jetzt kommt ja schon die nächste Übung – das
>„Vor-dem-Futternapf-Anschauen" ins Spiel, ne!?! Ihr könnt ihm ne Hand voll Futter
>auch im Haus verstreuen, wenn ihr ihn allein lassen wollt. So fällt am Anfang die
>Wartezeit leichter. Takeo darf aber erst hin, wenn du es ihm erlaubst. Bist du grad
>sehr im Stress, sag einfach das Wort „SUCH" bereits, während du das Futter
>streust.

>Später könnt ihr das Futter vorher regelrecht verstecken, ihn dann erst suchen
>lassen. Voraussetzung ist immer, dass er etwas Hunger verspürt, also höchstens
>die Abendmahlzeit im Napf bekommt. Und wenn er noch älter ist, bleibt er einfach
>ruhig daheim, auch ohne Futterspiel. Weil er das Alleinbleiben mit einem wohligen
>Gefühl verbindet.
>Er kann übrigens "SITZ und BLEIB" auch schon ohne Leine. Allerdings noch ohne
>Ablenkung. Ich gehe nur zwei Schritte zurück und halte die Hand vorgestreckt,
>warte gerade mal zwei Sekunden, rufe ihn dann zu mir. Wichtig sind hier der
>Lerneffekt und das Erfolgserlebnis, nicht dass ich 10 m weggehe und es klappt
>dann nicht oder zu lange warte, bis er kommen darf. Dies sollte man jedoch von
>Woche zu Woche steigern. Steht der Hund zu oft auf, wieder „back to the roots"
>und den Abstand verringern.

>„Tagsüber dann habe ich viel gearbeitet, aber auch einen neuen „Tag X" mit Takeo
>eingeläutet.... "wir gehen nicht ständig raus und rein wie wir wollen, sondern
>warten, bis "Cheffe" das OKAY gibt. ...War ich in der Nähe der Terrasse, habe ich
>die Tür aufgemacht, jedes Mal, wenn er von selbst rein ist, habe ich ihn sofort
>wieder rausgeschickt."

>*Das haben wir auch mit ihm geübt. Teilweise habe ich ihn dann wieder rein*
>*geholt, wenn er ohne Kommando raus in den Garten ist. Das hat er manchmal*
>*als Spiel verstanden und ist davon gerast. Was mach ich da dann am besten?*

>Einfach eine andere Vorgehensweise, und vor allen Dingen nicht „teilweise",
>sondern IMMER: Wie soll er den Sinn der Übung verstehen, wenn er mal wie er will
>durch die Tür darf, dann wieder nicht? Er soll überhaupt nicht „ungefragt" durch
>diese eine Tür – und vor allen Dingen musst du die Übung beenden.
>Wir erinnern uns an die Küchentür. Hier galt das Wort „NEIN". „NEIN" heißt ja in
>diesem Fall, er darf ab „Tag X" nie mehr (wie schrecklich) in die Küche. Oder du
>hebst das Küchenverbot **später**, wenn alles gut klappt, einfach wieder auf – oder
>er darf nur auf deine Ansage rein – ganz, wie es dir beliebt.

>Hier jetzt haben wir einen anderen Fall, ab „Tag X" geht es um ein „bleib auf der
>jeweiligen Seite bis ich dir sage, du darfst" oder auch „du sollst über die Schwelle in
>die jeweilige andere Richtung treten". Die Übung beginnt, wir haben „Tag X".
>Also: du bist drinnen, der Hund ist draußen. Am Anfang der Übung in der Nähe
>der Tür aufhalten, dort bügeln, Zeitung lesen, was dir einfällt. Also,
>unbedingt etwas tun und ihn nur aus dem Augenwinkel beobachten. Sonst lernt
>er sofort: „ Solange die guckt, kann ich nicht. Aber wehe, wenn sie sich umdreht,
>bin ich drin".
>Es ist wesentlich einfacher so rum zu beginnen, wenn er dann doch irgendwann
>rein möchte zu dir. Du darfst ihn auf keinen Fall rufen, er muss von selbst wollen.
>Mit einem scharfen „BLEIB" und vorgestreckter Hand in seine
>Richtung zeigst du ihm, dass er draußen bleiben MUSS, nicht DARF. Zur Not ihn
>wieder rausschieben. Du zählst 21, 22, Takeo guckt dich immer noch
>verblüfft an. JETZT ihm sagen, dass er rein DARF zu dir. Sehr freundlich, gerne
>mit Leckerli. Das gilt ab jetzt IMMER. Wenn du keine Zeit zum Üben hast, bleibt
>die Tür in der Zeit zu. Er darf nicht mehr einfach reinlaufen, das ist vorbei!

Bei mir hats schon längst
geklickt!!!

Luis übertreibt mal
wieder maßlos.

>Andersherum: Er ist drinnen, du arbeitest etwas „Wichtiges" direkt draußen vor der
>Tür. Mach imaginäres Unkraut raus, tu Fugenkratzen, völlig egal. Am Besten
>kniend, damit du schnell sein kannst, wenn er rausfitschen will. Du darfst ihn auf
>keinen Fall rufen, er muss von selbst wollen. Mit einem scharfen „BLEIB" und
>vorgestreckter Hand in seine Richtung zeigst du ihm, dass er drinnen bleiben
>MUSS, nicht DARF. Zur Not ihn wieder reinschieben. Du zählst 21,
>22, Takeo guckt dich immer noch verblüfft an. JETZT ihm
>sagen, dass er raus DARF zu dir. Sehr freundlich, gerne auch mit Leckerli.
>Das gilt ab jetzt IMMER. Wenn du keine Zeit zum Üben hast, bleibt die Tür in der
>Zeit zu. Er darf nicht mehr einfach rauslaufen, das ist vorbei!

>Wenn du das richtig machst, kannst du in ein paar Tagen mit ihm zusammen
>drinnen sein, die Tür aufmachen, evtl. noch ein „BLEIB" sagen, und erst nach den
>21, 22, ihn mit einem Befehl eben nach draußen entlassen.
>Du gehst mit Takeo mit einem Kommando raus. Irgendwann, wenn er dich gerade
>beobachtet, gehst du wieder nach innen. Er wird mit dir mitlaufen, aber kurz vor der
>Schwelle sagst du ihm noch mal sicherheitshalber das „BLEIB", unterstützt mit
>vorgestreckter flacher Hand. Macht er das anständig, darf er nach deinem
>Befehl mit ins Haus.

>Geschafft!!!

>Du findest das mühsam? Nein, ist es nicht. Genau so funzt auch die
>Kindererziehung. Wer frühzeitig Kindern zu Hause Grenzen lernt und Frust
>aushalten beibringt, wird später ein angenehmes Kind in der Öffentlichkeit haben.

>Klar, das kann man auch später noch hinkriegen – aber dann ist es wirklich
>anstrengender und ein längerer Weg. Ein Kind wird immer wieder versuchen, alle
>möglichen Grenzen auszutesten. Und oft auch gewinnen. Es weiß ja genau, was
>es tun muss, um das Gewünschte zu bekommen. Wie heißt es so schön?
>Wer im Paradies groß wird, kann später auch nur im Paradies leben. Wenn du
>weißt, wo es liegt, sag mir bitte Bescheid.

>Bei einem Kind jedoch kann man zusätzlich vieles erklären, wenn man ihm denn

>die Sprache beigebracht hat. Wobei es nicht gut ist, mit einem Dreijährigen schon
>zu verhandeln und alles zu begründen. Das sollte erst später kommen. In diesem
>jungen Alter reicht es erst einmal völlig, dass die bestimmte Regel eben so ist.
>Basta. Ein Grund, warum ich immer Familien rate, wenn ein Hundewunsch in die
>Lebensplanung junger Eltern tritt: Das jüngste Kind sollte im Kindergartenalter sein.
>Dann sind die erforderlichen Nerven der Eltern auch für die Erziehung des neuen
>Mitglieds wieder fit. Und, diese Kinder können bereits gut mithelfen! Sie werden
>sofort verstehen, dass man ab Tag X die Terrassentür erst einmal immer wieder
>öffnen und schließen muss, damit der Hund nicht während dieser Erziehungsphase
>keinen Durchblick mehr hat. Gerade die kleinen Menschenkinder sind da sehr
>gewissenhaft.

>Das geht bei einem Hund so natürlich nicht. Versuche dir in allen Lagen
>vorzustellen, dass du einem Marsmännchen etwas lehren willst - wie kann das
>funzen, wenn keiner die Sprache des anderen versteht?

>Das Ganze kann mehrere Tage, evtl. auch Wochen in Anspruch nehmen – je
>nachdem, wie gut der Besitzer in seinem Timing ist. Auch ist es möglich, dass
>Takeo in größeren Abständen immer wieder hinterfragt, ob er nicht doch einfach
>durch die Tür kann und probiert es aus - NEIN, kann er nicht, sofort wieder raus
>schicken, auch wenn er es mit drei Jahren erst wieder probiert. Das ist nicht
>unbedingt ein Machtkampf, sondern einfach das Leben lernen! Und trotz allem,
>es sind widerum nur ein paar Minuten Zeitaufwand am Tag. Die richtigen Worte
>hier für die verständlichste Erklärung zu finden, dauert viel länger *schwitz*.

>Auch ist es so, dass Takeo trotzdem bei Bekannten durch die Tür schreiten wird –
>vor allen Dingen, wenn da auch ein Hund ist, der das ungehindert darf. Wichtig ist
>erst mal, dass er die Regel bei euch zu Hause befolgt - später dann, wenn sein Hirn
>reifer ist, kannst du ihm ganz einfach auch in der Fremde durch ein "NEIN" oder
>"BLEIB" - je nach Situation - sagen, ob etwas gestattet ist oder nicht. Manchmal
>wollen Freunde einfach glattweg den Dreck im Haus haben – da würde ich ihm den
>Spaß auch lassen.
>Verstehst du? Man braucht kein „es geht ums Prinzip" bei vielen Gegebenheiten.
>Habe ich ihm daheim Regeln beigebracht, kann ich sie in der Fremde entweder
>nutzen oder eben mal wegfallen lassen. Gerade so, wie ICH es entscheide. Eben,
>weil er zu Hause IMMER verbessert wurde und daher weiß, was ein „NEIN" und ein
>„BLEIB" ist. Egal dann, in welcher Lebenslage. Und selbstverständlich auch bei
>Freunden an ihm dranbleiben, wenn er eine Anweisung von dir nicht befolgt.

>Mir fällt gerade noch eine Geschichte ein: Annika (jetzt wieder unsere Tochter, kein
>Hund), habe ich schon ganz klein im Supermarkt mit in die Einkäufe
>eingebunden. Sie durfte verschiedenste Lebensmittel, an die sie selbstständig
>rankam, nach meiner Anweisung in den Wagen laden. Sie hatte was zu tun, konnte
>helfen, und es war für sie nicht langweilig. Gelangweilte Kinder quengeln laut
>und macht die Mutter einmal den Fehler und stopft in das Kind nen
>Schokoriegel zum Ruhigstellen, hat sie schon verloren. Das nächste Mal quengelt
>das Kind lauter und länger, irgenwann reicht der Schokoriegel nicht mehr und es
>soll gefälligst – nicht bitte – das größte Eis sein...arme Mamis und vor allen Dingen,
>arme Kinder. Ich hingegen konnte einfach ab und zu Annika was kleines !!! Süßes
>aussuchen lassen – was sie mit freudestrahlenden Augen und roten Bäckchen

>auch grinsend tat. Und ich habe niemals das Papierchen an der Kasse gezeigt - sie
>durfte den Riegel erst nach der Kasse essen. Hat sie sich auch wie total
>selbstverständlich dran gehalten. Und, auch wenn sie andere Kinder gesehen hat,
>die das durften – war etwas Erstaunen in ihren Augen, ich sagte „nach der Kasse"
>und es war erledigt. Das war eigentlich so einfach.
>Klar dauert das länger – aber ich wollte ja ein Kind (und du einen Hund). Also muss
>JETZT die Zeit auch drin sein, um später heiter und gelassen diese Erst-Arbeit
>geniessen zu können und nicht ärgerlich und angespannt viele wert(h)volle Jahre
>verbringen zu müssen.
>Zurück zum felligen Vierbeiner: Gasthunde dürfen bei uns auch am Anfang in
>die Küche, unsere müssen draußen bleiben. Gasthunde dürfen über die
>Schwelle der Terrassentür, unsere müssen auf meine Ansage warten. Habe
>ich Pensionshunde hier die länger bleiben, führen wir auch da den „Tag X" ein.
>Das klappt auch wunderbar bei älteren Hunden.

>Sorry, das sind jetzt wieder Romane, da ich alles auf einmal und so anschaulich
>wie möglich erklären will (fühle mich gerade schon heiser geredet *gg*.) Wenn du
>dies einmal verstanden hast, kannst du alles auf jede Lebenslage ummünzen, daher
>lohnt sich dieser Aufwand hier.
>„Die Scheibe sah aus wie Sau, da er ständig mit seinen Dreckpfoten
>dagegensprang. Egal, kann man wieder wegwischen. ...Als Takeo endlich nach so
>gefühlten - eher gehörten - 3 Stunden kurz ruhig war (21, 22 im Kopf zählen),
>habe ich die Tür aufgemacht, kurz gewartet und ihn mit Kommando rein
>gelassen.... Das war wieder so eine kleine Frustübung – dies aushalten lernen und
>nicht gleich ausrasten, ist wichtig. Auch bei Menschenkindern übrigens. Nur
>so nebenbei."

>Genau! Die Terrassentürscheibe ist jetzt noch nicht geputzt! :-) Wenn
>ich ihn mit dem Gemache nicht reingelassen habe, sondern abgewartet hab
>bis er ruhig war, hatte ich manchmal den Eindruck, das stört ihn gar
>nicht mehr. Dann hat er sich hinter die Kommode auf der Terrasse
>gelegt... und war beleidigt... und wollte erst mal gar nicht mehr rein.
>Oder wie würdest du das deuten?

>Ja, denke du siehst das schon fast richtig. Wobei ein Hund eben nicht „beleidigt" ist.
>Er hat einfach genügend Zeit gehabt, anderen „Sonderrechten" den Vorrang zu
>geben. Auf der einen Seite hattest du Erfolg, er war ruhig und hat aufgegeben.
>Andererseits darfst du ihn dann nicht einfach dort liegenlassen, sondern solltest
>sofort die Tür aufmachen und ihn herrufen, wenn geht, BEVOR er sich hinlegt.
>Sonst hat er ja quasi das letzte Wort! Und auch nicht hingehen und ihn holen, auch
>da versteht er denn Sinn der Übung nicht mehr. Sondern - von mir aus wieder mit
>Futter - denn er hat ja immer Hunger, da er tagsüber nichts aus dem Napf kriegt,
>ne(!) - von mir aus mit einem super duftenden Stück Wienerle (gaaanz klein)
>zuckersüß rufen, von mir aus auch auf dem Boden liegend, quietschend, egal...
>Hauptsache, er kommt!!! Mit deinem Befehl rufst du Takeo durch die Terrassentür
>nach innen. DU hast so die Übung sinnvoll beendet. Sonst war der „Tag X" für nix.
>Und du darfst wieder von vorne anfangen, da er ja verstehen soll: „Auf nen Befehl
>kann ich ja doch über die Schwelle".

>Hat er mal die Verknüpfung – „ich werde gerufen - es gibt was Tolles – also
>komm ich auch" – hast du ihn gewonnen. Aber bitte, alles immer nur ganz kurz üben,
>sonst wird er unaufmerksam und zappelig. Vor einer neuen Übung wäre ein kurzes
>auflockerndes Spiel, was ihn allerdings nicht entkräften sollte, eine hilfreiche Sache.
>Ein „BLEIB" heißt also: „Genau dort wo du bist, eben BLEIBEN". In unserem jetzigen
>Fall einfach nur drinnen oder draußen BLEIBEN, später dann auch im „PLATZ" und
>„BLEIB" eben bleiben.

>In dem Fall mit der Terrassentür MUSS noch ein weiterer Befehl folgen am Anfang.
>Z. B. ein „REIN" oder „RAUS", nachdem er anständig kurz geblieben ist. Heißt, er
>soll nach ein paar Übungstagen folgendes können: Er bleibt automatisch einfach
>draußen, wenn du rein gehst, ohne dass du ihm was sagen musst. Natürlich

>kann er sich vor die Schwelle legen. Sobald du ein „REIN" sagst, DARF er dir folgen.
>Umgekehrt, er liegt drinnen auf seiner Decke, du gehst durch die geöffnete
>Terrassentür zum Briefkasten. Du musst nichts mehr sagen, er bleibt solange drin,
>bis du ihn rufst. Dann muss er aber auch kommen. Verstehst du?

>Das sofortige Herkommen kann am Anfang durchaus mal ein paar Tage dauern.
>Hat er es kapiert, dann trägst du das Stück Wienerle in der Jacke. Erst rausholen,
>wenn er bei dir ist, nicht mehr vorher. So wird es keine Bestechung, sondern nur
>eine Belohnung.

>Später dann reicht dein Ruf und er hat dabei ein „wohliges Gefühl" und wird immer
>gerne kommen. Vergleich zum Menschen: Ich rieche Bebe-Creme und habe sofort
>ein wohliges Grinsen auf den Lippen, weil es mich an Annika als Baby erinnert.
>Oder ich höre ein bestimmtes Lied im Radio und habe sofort meinen Mann
>mit Klein-Annika auf den Schultern im Kopf, die beide fröhlich hüpfend mitsingen...

>Du hast ja bei mir gesehen, ich brauche nur einen Zungenschnalzer, und alle
>Hunde sind im Haus und Garten SOFORT da. Natürlich wird es später auch
>Momente geben, in denen du hingehen musst zu deinem Hund, um „angedrohte
>Entschlossenheit" bei Nichtbeachtung eines Befehls nachdrücklich für ihn
>merkbar zu machen. Genau diese Unterschiede, wann man wie handeln muss,
>könnt ihr für ihn nur spürbar machen, wenn es bei euch „klickt". Der Sinn
>dieser Übungen ist eigentlich, dass er lernt, gerade zu Hause gewisse Regeln
>zu befolgen. Nur dann - hört er auch draußen, mit euch alleine, kurz darauf
>auch unter Ablenkung. Und irgendwann, wenn du da gut dranbleibst, kannst du
> ihn auch von anderen Hunden abrufen und wirklich stolz drauf sein.

>Das klingt jetzt alles schwierig und anstrengend - es ist wirklich so ähnlich wie es
>Eltern geht, die ihr Kleinkind erziehen. Keine Regeln zu Hause, wird es sich auch in
>der Gesellschaft eben wie das besagte „AK" benehmen. Du hast es nur
>einfacher als Menschen-Eltern - es geht bei einem Hund viiieeel schneller.

>Passt mal auf, wie weit ihr schon in einem Jahr sein werdet. Dann liest du alles hier
>vielleicht nochmal durch und wirst feststellen, das sich alle Mühen - von euch,
>dem Trainer, von mir und vor allen Dingen von Takeo - gelohnt haben.
>Und wie gesagt - irgendwann macht es bei euch "Klick" und ihr habt verstanden.
>Dann ist das weitere Zusammenleben cool und schön, schön, schön. Mit wenigen
>Ausnahmen. Jeder weitere gesunde und normal veranlagte Hund, den ihr dann
>hoffentlich noch in eurem Leben haben werdet, wird für euch viel einfacher zu
>erziehen sein .

>jetzt geh ich erst mal in die Sonne und arbeite im Garten, die zweite
>Mail beantworte ich später und das Tagebuch schreibe ich dann auch weiter.

>Grüßeeeeeeeeeeeeeeeeeeeeeeeeeeeeee
>Simone

Alles ist easy, alles ist gut!

Einen Tag später, meine zweite E-Mail an Takeo-Frauchen:

>Juhu,

>konnte leider nicht früher antworten, waren vorhin in der Hundeschule, mehr davon
>später im Tagebuch. Nun guck ich mal, was du hier wissen möchtest. Es ist immer
>MEINE Meinung, die ich hier wiedergebe. Ich richte mich sicher auch nach
>Gelesenem und nach Seminaren, deren Inhalte sich dann mit meiner Erfahrung
>decken. Und eben auch ganz viel nach der Erziehungsweise und Regeln der besten
>Hundeschule der Welt, die man unter www.hundeschule-fuerth.de besuchen kann.

Anmerkung der Redaktion: Oh je, wenn die das jetzt lesen, kriegen sie nen Höhenflug
– okay, dürfen sie kurzfristig auch mal haben. Denn sie haben einen großen Beitrag
dazu geleistet, dass meine Hunde so „anständig" sind, wie sie sind.

Roxy, Alisha, Lolli und Darino sind zum
PLATZEN abgelegt und bereit...

...mit „Hiiiiiiier" geht's dann
ratz-fatz ab zu Frauchen.

SITZ fürs Foto – kein Problem, wenn
hunds kann *gg*

Also, meine Beantwortung der E-Mail 2 von Takeo-Frauchen:

>Simone, wo lässt du ihn denn allein, wenn du weggehst?

>Nachdem ich erst dafür gesorgt habe, dass er eine Runde spazierengegangen ist
>oder im Garten gespielt hat oder ähnliches, bleibt er allein im Wohnzimmer. Küche
>ist zu, Büro ist zu, Toilette auch. Der Gang ist ja versperrt durch das Kindergitter
>(damit Gasthunde nicht ständig nach oben laufen und der Schornsteinfeger in Ruhe
>arbeiten kann *gg*). Zuviel Platz und Raum alleine zu haben, kann einen Welpen
>oder auch frisch eingezogenen erwachsenen Hund ängstigen.

>Er bekommt ne leckere Kaustange (wahlweise auch nur ein paar Leckerli verstreut,
>da sich im ungünstigsten Fall die Kaustange zwischen den Zähnen verkeilen
>kann) und ein Spielzeug ist immer zur Beschäftigung da. Er sieht, dass ich gehe.
>Ich sage nur ein "BIS SPÄTER" und kümmere mich mit keinem Blick mehr um ihn.
>Egal, was er macht - fiepen, bellen, von mir aus durch den Wassernapf rennen, um
>Aufmerksamkeit zu kriegen - ich beachte es nicht. Und gehe.

>Wichtiges wie unsere Perserteppiche und Blattgoldvasen *hüstel* räume ich vorher
>natürlich weg. Falls er "randalieren" sollte, kann ich es dann ohne wütend zu
>werden völlig entspannt und ausgeglichen ertragen. Außer der Hund hat in meiner
>Abwesenheit meinen Firmenstempel zerlegt und die blaue Farbe überall auf
>dem Laminat verteilt (lieber Darino, wir denken daher noch oft an dich - deine blaue
>Schnauze hatte dich verraten *gg*).

**>Unsere Überlegungen gehen in die Richtung, Takeo gleich in der ersten Nacht
>im Wohnzimmer zu lassen, wenn er wieder bei uns ist. Was meinst du dazu?
>Wo schläft Takeo denn bei euch mittlerweile?**

>Das ist jetzt eines der wenigen Dinge, die ich nicht ändern würde. Er genießt den
>Schutz und die Geborgenheit im Schlafzimmer. Nach dem letzten Nacht-Gassi-
>Gang geht er hier ganz selbstverständlich die Treppen rauf und steht vorm
>Schlafzimmer. Ritual ist schon, da die Meersäue ja zur Zeit nachts dort auch im
>Käfig schlafen, tagsüber aber im Garten sind, sich in deren Transportbox zu

>quetschen und die Reste des trockenen Brotes aufzufuttern. (Getrocknetes Brot
>lieben übrigens all unsere Hunde, garantiert nur, weil es eigentlich für
>Schweinis und Hasi gedacht ist).

>In der Zeit mache ich die Schlafzimmertür zu und gehe ins Bad. Zurück aus dem
>Bad erhält Takeo noch eine Gute-Nacht-Knabberstange und dann wird er keines
>Blickes mehr gewürdigt, egal, was er fordert. Mittlerweile legt er sich artig neben das
>Bett und bis früh morgens hören wir nichts mehr von ihm.
>Auch wenn wir selbst nen Welpen aus einem Wurf behalten, schläft dieser nachts
>bis zum fünften Lebensmonat bei uns. Wäre er da schon mit den anderen
>im Wohnzimmer, ist Folgendes vorprogrammiert: Der junge Hund legt irgendwann
>in der Nacht einige Spielminuten mit einem der erwachsenen Hunde ein.
>Der erwachsene Hund hat damit auch kein Problem, er hat seine Blase super unter
>Kontrolle und legt sich einfach wieder hin und schläft. Ein junger Hund hingegen
>verspürt durch das Spiel - da Bewegung - Druck auf der Blase... und jeden
>Morgen sucht man dann die Pfütze – oder tritt „ungesucht" barfuß hinein - lecker.
>Oder du schläfst die erste Zeit auf dem Sofa, bis du dir sicher bist, dass er ab „Tag
>X" allein dort schlafen kann. Uns ist aber die Schlafzimmervariante viel
>lieber, das hat einfach mehr Nähe.

>Ergebnis für euch: Kann sein, dass es anfangs etwas unruhig wird mit ihm, solltet
>ihr euch früher auch noch im Schlafzimmer mit ihm beschäftigt haben. Er muss erst
>merken, dass ihr stärker geworden seid und nicht mehr das Prinzchen umsorgt.
>Irgendwann versteht er dann auch, dass eben Ruhe ist. Und er ja am Zerrseil als
>Wahlmöglichkeit nuckeln darf - er ist ja noch ein Kind. Und eines Tages wird er wie
>selbstverständlich im Wohnzimmer bleiben, wenn du schlafen gehst.

>Würde ich jetzt Takeo alleine im Wohnzimmer nächtigen lassen, müsste ich also
>alle anderen Hunde mit nach oben nehmen. Das wären dann in der nächsten
>Woche fünf erwachsene Hunde im Schlafzimmer, denn ich bekomme noch eine
>ältere Urlaubshündin für zehn Tage zu Besuch. Das wäre dann für ihn, wie wenn du
>in dunkler Einzelhaft bei Wasser und Brot sitzen würdest, während der Rest der
>Welt fröhlich im Schlaraffenland lebt. Schon blöde, ne?

Anmerkung der Redaktion: Wer jetzt hier die oft so angepriesene „Hundebox" vermisst
– ich mag sie schlicht und ergreifend nicht, eine wirklich gruselige Erfahrung vor vielen
Jahren hat mir gereicht – das hier auszuführen, würde zu lang werden. Und Sie sehen
ja, es geht auch ohne. Außer natürlich im Auto, denn Sicherheit geht vor.

Wir mögen keine geschlossene Hundebox
im Haus!

>Hoffe, ich schaffe es morgen Vormittag wieder das Tagebuch zu verfassen, da wir
>ab 13 Uhr mit Takeo und Roxy was gaaanz Schönes unternehmen werden, bin
>schon ganz gespannt. Alle weiteren Hunde bleiben hier bei Annika – weil das
>Leben auch für Hunde nicht immer ein Ponyhof ist. Also, ich meine damit nicht,
>dass sie es bei Annika schlecht haben – aber, es enttäuscht die Resthunde schon,
>wenn sie nicht mit dürfen. Der Ausspruch mit dem Ponyhof ist übrigens von einem
>Junghundehalter in besagter Hundeschule auf die Frage, warum man einen Hund
>ab und an mal ernüchtern sollte. Fand ich klasse die Antwort. Sagt einfach alles.

>Immer wieder in Erinnerung rufen möchte ich auch, dass Takeo wirklich ein pfiffiges
>Kerlchen ist - und genau weiß, wie er wann handeln muss, um bei euch zum
>persönlichen Ziel zu kommen. Aber nur bis jetzt. Er braucht schon eine
>entschiedenere Führung als seine Schwester Keiko. Die Familie macht es wirklich
>sehr gut mit Keiko – da hilft dem Frauchen einfach die Erfahrung durch die
>Erziehung ihrer drei Kinder.

>Pfuh, wieder lang geworden, ne? Und ich habe jetzt auch hier durchgehalten,
>OBWOHL ICH GERADE AUF NE FALSCHE TASTE GEKOMMEN BIN UND DER
>GANZE SCHON VON MIR GESCHRIEBENE KLADDERADATSCH GELÖSCHT
>WAR!!! So, alles wieder gut, ich mach jetzt Feierabend und massiere Roxys alten
>Rücken, während ich mich einfach nur aufs Sofa lege und in die Glotze glotze.

>Gruß Simone

Am nächsten Tag, ich hatte noch keine Meldung von Takeo-Leuten erhalten, meine
weitere E-Mail an sie:

>Huhu,

>hier die neuesten Eindrücke von Takeo. Er nutzt die Zeit hervorragend, ganz
>bestimmt "wartet" ihr auch nicht nur, dass er zurückkommt. Sondern versucht
>weiterhin, seinen Kopf und eure Erziehung in Einklang zu bringen. Auch der Trainer
>kann euch nur etwas leiten, er ist nicht ständig bei euch. Sobald die
>häuslichen Grundlagen stimmen und Takeo da folgt, wird es auch außerhalb
>des Hauses wesentlich besser funzen. Dann ist die Zeit gekommen, mit
>Ablenkung (viele Menschen, andere Hunde usw.) zu üben. Ein Hund und
>seine Menschen lernen ein Leben lang, das sie miteinander verbringen. Es
>wird immer mal ein Auf und Ab geben, geglaubtes "Abhaken" einer beigebrachten
>Regel wird irgendwann wieder vom Hund hinterfragt.

>Wir sind wieder da vom Ausflug und ich kann euch über die letzten Tage berichten.
>Also viele Grüße und bis die Tage
>Simone

Wir waren ja beim Freitag, 23. April, hier schließe ich nun wieder an.

Takeos 7. Tag bei uns:

Ich habe nach dem üblichen Frühstück Takeo und Roxy ins Auto geladen. Ich verbinde immer gern, wenn irgend geht, Besorgungsstrecken mit Hund, da man wieder an andere Orte kommt und es einfach in den Tagesablauf einfließt.

Zuerst waren wir bei ner Supermarktkette einkaufen. Beide haben artig im Auto gewartet. Dann gab es gleich dort eine neue Spazierstrecke, wo Takeo noch nicht war, Abwechslung ist ja wichtig. Waren höchstens 15 Minuten, zum Geschäfte erledigen, kurz mal schnuppern. Einmal erlaubt, mit mir quer durch einen Wald mit nem kleinen Spurt zu fetzen, das fand er sehr lustig. Dann durfte er noch mit Roxy über ne Wiese pesen.

„Flitze-Spaziergang"

Hunde ins Auto, ein Stück weiter gings zum Baumarkt. Da hatte ich ein paar Sachen zu besorgen, super gut für neue „Takeo-Eindrücke". Roxy blieb im schattigen Auto. Ich wollte, dass Takeo allein Neues erfahren kann. Er ist artig am großen Einkaufswagen seitlich mitgelaufen. Wir waren in vielen Abteilungen, da es Prozente gab und ich einiges einkaufen wollte.

Anmerkung der Redaktion: Übrigens habe ich da irgendwie mehr männliche Gene in mir. Ich gehe wesentlich lieber in einen Baumarkt als zum Klamotten kaufen. Kann das mal einer für mich deuten? Auch kann ich übrigens NICHT mehrere Dinge gleichzeitig tun - das geht immer schief. Ich kann schnell und richtig alles hintereinander wegarbeiten. Aber NICHT gleichzeitig. Kann das mal einer für mich deuten?

Auf der Rolltreppe und an der Kasse saß Takeo dann zu seiner eigenen Sicherheit im Wagen, hat er gemacht wie ein Alter, als wäre das schon immer so. Die Mehr-Zeit, die ich da planen muss, benötigen eigentlich nur die Leute - von den unterschiedlichsten Kunden, bis hin zum kompletten Baumarkt-Personal waren alle um uns rum. "Hach ist der süß, wie alt ist er denn? Was ist das für eine Rasse? Ach, ist der aber artig. Mit meinem könnte ich das nicht, der regt sich immer zu sehr auf usw., usw." **Was ist denn der eigentliche Grund, warum viele Menschen ihre Hunde nicht in die Gesellschaft mitnehmen können?** Bestimmt nicht, weil sie von Natur aus zu blöde oder zu ängstlich oder zu nervig sind.

Danach war er erst mal ziemlich platt, die vielen Eindrücke mussten verdaut werden. Aus diesem Grund sollte der Hund dies auch in Ruhe verarbeiten können. Nicht gleich eine neue Aktion fordern, sonst festigt sich die eben erlebte nicht im Hirn. Am besten wäre, er kann da erst mal ne Runde „drüber schlafen".

So konnte ich Takeo beruhigt zu Hause lassen, denn am Nachmittag kam eine Frau zu mir, die seit Kurzem einen Tierheim-Hund hat. Ein großer, unkastrierter Rüde, ungefähr anderthalb Jahre alt, man weiß nichts über seine Vorgeschichte. Und er reagiert angeleint sehr extrem auf andere Hunde. Frauchen ist in gleicher Hundeschule und hat mich um eine gemeinsame Übung gebeten. Wir Hundeschüler helfen uns gegenseitig. Natürlich ist der Ablauf der Übung vorher mit dem Trainer besprochen worden.

Ich bin mit ihr, ihrem Hund, Candy und Jumi an einen nahegelegenen Wald mit Wiese gefahren. Wir haben mit dem Rüden die aufgetragene Übung erfolgreich bearbeitet und zur Belohnung durfte er dann mit meinen Beiden über die Wiese sausen.

Belohnungsspiel für eine gelungene Übung

Um 21 Uhr bekam jeder Hund eine Kaustange, Rolf und ich sind dann in einen nahegelegenen Ort gefahren. Dort entspannten wir bei einer Veranstaltung mit Live-Band. Den Tipp hatten wir von Annika, die da an der Bar bediente. Kurz nach 24 Uhr waren wir wieder zu Hause, haben die Hunde noch mal kurz rausgelassen und sind dann schlafen gegangen.

Samstag, 24. April, Takeos 8. Tag bei uns:

Takeo und ich wurden gegen 10 Uhr von Keiko-Frauchen nebst Hundi abgeholt. Wir sind zusammen in der Welpenschule gewesen. War sehr schön. Die Hunde haben gespielt, dann mussten wir sie zu uns rufen, haben kurze Übungen an der Leine gemacht und zum Schluß durften sie wieder spielen. Er hat alles cool gemeistert, hat ihm sichtlich Spaß gemacht.

Den Rest des Tages haben Rolf und ich mit Arbeiten am und im und ums Haus herum verbracht, Candy hat noch ne Runde mit Takeo gespielt. Abends beim Fernsehen hat er dann kurz mal unseren Läufer angeknabbert. Da dies ein alter Teppich war, haben wir ihn gelassen. Wäre es ein Neuer gewesen, hätten wir natürlich unterbrochen. Hier könnte man jetzt sagen, aber wenn er das doch einmal darf, wird er das immer machen und kennt ja den Unterschied nicht... es geht aber in diesem Fall doch.

Sollte er demnächst auf etwas Neuem rumkauen wollen, brauche ich es ihm nur zu verbieten, da er ja weiß, was ein "NEIN" bedeutet. Er weiß dann, dass er die Handlung nicht weiter ausführen darf. Und, wenn ich Glück habe, weiß er das auch noch, wenn er allein ist. Eben hat er eine Papprolle, die er sich geklaut hat, gerade kämpferisch „erlegt". Ja, das eine Mal darf er den Spaß haben. Beim nächsten Mal kommt er einfach nicht dran oder ich sage vorher ein „NEIN".

Haaa, ach ja, auf ein neues "Problemchen" könnt ihr euch schon einstellen. Nur damit ihr wisst, dass das demnächst so kommen könnte und das echt einige Nerven kostet und auch etwas länger anhalten kann: Takeo hebt seit Samstag beim Pieseln (noch nicht immer, aber schon recht häufig) sein Bein!!! Das ist schon sehr früh, auch ist er an Candy mit Rammelübungen dran. Noch spielerisch, Candy duldet es auch. Aber, es kann sein, dass er bald von Mädels schwer abrufbar ist und sie ständig besteigen will. Das wird also etwas anstrengend werden, bekommt ihr aber mit dem Hundetrainer in Griff. Der Trainer zeigt euch, wann man ihn gewähren lassen kann, und wann es an der Zeit ist, ihn von einem Spielkumpel „abzupflücken". Selbstverständlich ist jegliches Besteigen am Menschen sofort zu unterbinden. Egal aus welchem Grund, einfach machen. Streng.

Sooo, und heute ist, Sonntag, 25. April, Takeos 9. Tag bei uns:
Seine 14. Lebenswoche beginnt. Rolf, ich, Takeo und Roxy sind in die Hersbrucker Schweiz gefahren zum großen „fränkischen Elo®-Spaziergang". Der findet einige Male im Jahr statt, zwei Familien organisieren das immer im Wechsel, es gibt dann Rundmails an alle Interessierten. Die Resthunde blieben bei Annika zu Hause, wir wollten ja schließlich unser Augenmerk auf den kleinen Mann richten.

Takeo inmitten von Seinesgleichen

Uiii, war das spannend. Wir waren um die 50 Erwachsene und Kinder, 22 Elo®s in allen Größen und Altersklassen, ein Goldie und ein Mops. Die Hunde dürfen dort alle freilaufen, wir machen viele Pausen, damit alle Beteiligten auch gut mitkommen und die Hunde spielen können. Zwischendurch habe ich Takeo getragen, damit er die Eindrücke verarbeiten kann und auch nicht zu hoch dreht.

Er hat das alles echt klasse gemeistert. Insgesamt waren wir anderthalb Stunden unterwegs. Sehr gefreut hat er sich, als er unter all den Hunden Emma entdeckt hat - sie ist nur eine Woche jünger als Takeo, dafür schon etwas kompakter, die beiden haben hingebungsvoll miteinander gespielt.

Dann saßen wir alle noch vor der Wirtschaft dort im Biergarten, haben gegessen, getrunken, uns unterhalten, die Hunde brav vor sich hingedöst. Wir hatten auch wieder eine Interessenten-Familie dabei, die ganz begeistert war, wie ruhig der Spaziergang mit all den freilaufenden Hunden – und dem Mops (er passte aber auch wesensmäßig sehr gut dazu) – war. Dies konnte auch ein klitzekleines Gerangel zwischen zwei Rüden unter nem Biergartenstuhl (Vater und Sohn, der Sohn kam bei uns auf die Welt) nicht mehr trüben, da alle anderen Hunde wieder super friedlich miteinander waren. Takeo hat sich übrigens von der kleinen Meinungsverschiedenheit null beeindrucken lassen, das kurze Gemaule war direkt neben ihm. Nach unserem Aufbruch war er sofort kurz pieseln, wie es sich für einen angehenden Junghund gehört, dann sind wir heimgefahren.

Gerade jetzt ist er im Garten mit den anderen Hunden, Annika und zwei Freundinnen sind auch da. Takeo hat soeben eine leicht überdrehte Phase, fetzt wie blöde von links nach schräg, reißt dabei Schilf aus dem Teich. So verarbeitet er gerade den heutigen Tag, der nicht nur kopfmäßig anstrengend für ihn war. Morgen bleibt er dafür nur hier am Haus und im Garten, als Ausgleich für heute. Würde ich ihm morgen auch wieder viele neue Eindrücke bieten, könnte er hektisch werden, da es einfach zu viel für den kleinen Kerl ist. Nun liegt er bei einem der Mädels auf dem Schoß und lässt sich durchkraulen - schön.

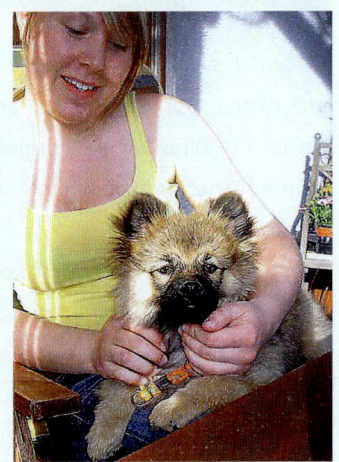

Am Mittwoch, 28. April, kam diese E-Mail von Takeo-Frauchen:

>Hallo Simone,

>ich bin gerade recht viel unterwegs und erst ab Montag wieder konstant
>daheim.
>Bin dann wieder in der Lage in Ruhe in Takeos Tagebuch zu schmökern.
>Viel Spaß für euch und Grüßle nach Franken
>Takeo-Frauchen

Anmerkung der Redaktion: Hier musste ich das erste Mal echt schlucken. Wie, „schmökern?" Ist das jetzt hier ein lustiges Spielchen, mache nur ich mir hier ernsthaft Gedanken, wie die Familie doch noch mit ihrem Hund glücklich werden kann? Nein, das kann nicht sein. Takeo-Frauchen hat einfach nur ein falsches Wort für „lesen und lernen" benutzt. Ganz sicher. Ja klar, und außerdem können sie ja ohne den Hund an ihrer Seite nicht wirklich handeln.

Also, nicht verzagen und weiter im Text, machte ich mich wieder an die Arbeit:

Freitag, 30. April, meine E-Mail an Takeo-Leute:

>Hallo,
>hier wieder ein neuer Teil aus Takeos Leben bei uns.
>Viele Grüße und eine schöne Zeit mit den angereisten Freunden nebst Hund.

>Simone und die Hundebande

Montag, 26. April, Takeos 10. Tag bei uns.

Takeo hat heute seine wohlverdiente Pause bekommen, da ja der Sonntag schon recht anstrengend war. Würde ich ihm jetzt heute wieder sehr viel Aufregendes bieten, könnte er, wie schon beschrieben, „überdrehen" und hektisch werden. Wenn Takeo mal älter ist, kann er so was gut ab, allerdings würde ihm da nach einer anstrengenden Wanderung oder nach einem Einkaufs-Marathon in der Stadt auch eine eintägige Pause guttun.

Wie gewohnt gab es das Such-Frühstück, das brauche ich ja nun, denke ich, nicht mehr ständig erwähnen. Er ist dabei immer noch angeleint, setzt sich aber schon ganz ruhig hin und beobachtet, wo ich hinwerfe. Ich leine ab, halte ihn nur noch sanft vor der Brust, sage ein „BLEIB", warte, bis er mich anschaut (mittlerweile sage ich gleichzeitig mit dem Augenkontakt „SCHAU MAL". So bekomme ich ihn später dazu, mich anzuschauen, wenn ich etwas von ihm möchte) und lasse ihn dann sofort mit „SUCH" lossausen. Habe ich mal nicht viel Zeit, streue ich das Futter einfach mit Schwung quer in den Garten (selber Schuld bin ich, wenn er dabei auch frisch Gepflanztes umnietet, da ich nicht richtig gezielt habe) und lasse ihn gleich suchen – auch das ist möglich.

Natürlich kann man auch etwas verändern, wenn Wetter mies und dies im Haus tun. Oder eben, ich wiederhole mich, kurz bevor man weg muss, ne Hand voll im Haus verstreuen, dann ist er schon mal ein wenig beschäftigt, wenn er allein ist. Abänderungen gibt es ohne Ende, einfach die Fantasie spielen lassen. Oder mal nicht mehr zugucken lassen, sondern er muss alles mit der Nase nach dem Wort „SUCH" finden. Und selbstverständlich auch irgendwann mal OHNE Anleinen absitzen lassen, dann beim ersten Mal schnell nach dem Futterauslegen auflösen (ja, dann erst einmal auslegen, werfen verleitet ihn zu sehr, gleich loszurennen.) Und, nicht dass hier der Eindruck entsteht, man MUSS diese Futterspiele jeden Morgen machen: nein, habt ihr einen anderen Tagesplan, wird sich Takeo ohne Murren, vielleicht eher mal verdutzt – an euren Tag anpassen. Ich mach das ja auch nur täglich, damit er die Möglichkeit hat, etwas „schneller" zu lernen, da wir nur eine begrenzte Zeit zusammen haben. Dies setzt natürlich voraus – genau – dass er ganz leicht hungrig ist, wie wir ja schon wissen. Sonst macht er sich natürlich keine Mühe, wenn ihm die gefüllten Kauröllchen schon zu den Ohren rauskommen.

Der Nebeneffekt bei dieser Übung ist wichtig für sein ganzes Leben mit euch: Takeo lernt, in dem er einen anschaut, zu „fragen", wenn er etwas tun möchte. Mit seinem Blick in eure Augen. Schnell reagieren. Entweder gibt es ein „NEIN", wenn ihr gerade mal nicht wollt, dass er in einem Matsch-Wassergraben spielt. Wenn ihr aber Zeit habt, lasst es mit einem „OKAY" ruhig mal zu, er wird es euch mit viel Lachen und Lebensfreude danken. Auch ein Kind muss mal in Pfützen spielen dürfen, danach wird es halt in die Wachmaschine gesteckt (liebe Kinder, das bitte nicht ernst nehmen!)

Es sollte ein ganz entspannter Spaziergang werden, mit Frauchen des Jungrüden Icon , Jumi und meinereiner...

... in dem Moment war ich nicht erfreut.

Heute aber muss auch ich jedesmal beim Anblick dieser Fotos ganz breit grinsen *gg*.

Vor vielen Jahren hat mich eine Freundin abgeholt, wir wollten zu ihr nach Hause. Ich sagte meiner Tochter, sie dürfe zwei Stofftiere mitnehmen. Kind bekam einen Trotzanfall, wollte noch zwei weitere Teile dabei haben. Ich sagte ihr: „NEIN", zwei Stück, mehr nicht". Schrei. Heul. Meine Freundin dann: „Ja aber lass sie doch die anderen beiden auch noch einpacken, die nehmen doch keinen Platz weg". Ich versuchte meiner Freundin, deren Sohn ein Jahr älter als Annika ist, zu erklären, warum ich das nicht erlaubte. Dass Annika mit Sicherheit, sage ich okay, immer noch schreiend, weitere Stofftiere einfordern würde. Es geht hier nur um Grenzen testen. Sagt Mama auch ein klares „NEIN", obwohl noch jemand dabei ist? Gebe ich hier nach, wird es ähnliche Situation bald wieder geben. Es wird immer schwerer, sich dann durchzusetzten, sie werden immer schneller und lauter gewisse Sachverhalte heraufbeschwören, bis sie endlich eine Grenze aufgezeigt bekommen.

Wie schlimm finde ich den Satz „Meinem Kind soll es an nichts fehlen, es bekommt alles, was es will". Armes Kind.

Ich kann es nie mehr einfacher haben, als in diesem jungen Alter, einmal etwas „Streß" zu haben und hartnäckig etwas einzufordern . Danach ist dem Kind aber klar, jepp, die Frau meint, was sie sagt. Und nehmen viel schneller an. Ohne Theater. Mein letzter Satz für Annika zu diesem Thema war: Entweder du beruhigst dich jetzt, nimmst zwei Stofftiere mit und kannst dort spielen, oder wir bleiben eben hier. Das wusste sie schon, dass ich das „oder wir bleiben eben hier" nicht nur androhe, sondern auch durchziehe.

Wir gingen aus dem Kinderzimmer, kurz drauf kam Annika – noch schniefend – aber immerhin, mit zwei!!! Stofftieren im Arm - nach und wir konnten losfahren. Und hatten gemeinsam doch noch einen schönen und entspannten Nachmittag.

Ihr könnt Takeo durch seinen Blick auf euch aber auch Erlaubnis geben mit „LAUF", wenn er fragt, ob er mit nem anderen Hund spielen gehen kann oder er mal quer über eine Wiese rennen darf usw.... mit einem „OKAY", wenn er artig vor seinem Napf sitzt und wartet, bis er fressen DARF, und, und, und... auch könnt ihr ihm so verbieten, von einem Fremden was anzunehmen – und bei der Oma auf der Parkbank es mal erlauben, weil es eben gerade das einzige Glück des Tages für die alte Frau ist.

Nachdem wir noch ne kurze Spielrunde eingelegt hatten, er noch mal pieseln war, blieb Takeo wieder mit ner Knabberei allein daheim. Alle anderen Hunde habe ich mitgenommen, wir waren kurz einkaufen. Übrigens kaufe ich ab Frühjahr, wenn die Sonne scheint, nie in Läden nach Angeboten ein, sondern immer nach „welcher Laden hat um welche Uhrzeit Schattenparkplätze oder ne Tiefgarage".
Waren dann noch ne Ecke laufen und über ne Stunde später wieder zu Hause. Takeo hat uns artig empfangen, dafür durfte er natürlich gleich raus und mit den Großen ne Runde im Garten pesen.

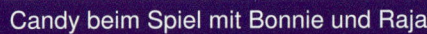
Candy beim Spiel mit Bonnie und Raja

Anmerkung der Redaktion: Hier mache ich eine kurze Tagebuch-Unterbrechung, da Folgendes dazwischen kam: Das Telefon klingelte. Am Apparat eine junge Frau, die seit einigen Wochen über mich als Welpenvermittlung der EZFG e.V., einen fast gleich alten Rüden wie Takeo besitzt.

Da sie in meiner Nähe wohnt, hat sie sich an mich gewandt und nicht an den eigentlichen Züchter. Im Grunde schilderte sie mir ähnliche Begebenheiten, wie es Takeo-Leute taten. Sie war sehr am Zweifeln über sich und den Hund, hatte aber auch schon die Erkenntnis, dass da was schief läuft. Nach einigen Minuten Gespräch haben wir vereinbart, denn es sollte scheinbar genau jetzt so passieren: Ich schicke ihr ganz einfach meine „Werths-Echte-Tipps" als Erstlektüre. Weiterhin sagte ich ihr, dass sie danach bitte mein bis hierhin verfasstes Tagebuch von Takeo lesen möge. Und zwar alle Abschnitte, auch die, bei denen sie glaubt, keine Probleme zu haben, da eben ALLES zusammenhängt. Sie würde sich aufschreiben, wo es Fragen gibt und dann haben wir für Freitag, den 07. Mai ein „Live-Date" hier bei uns im Garten ausgemacht. Ich war ganz gespannt, ob sie mein Online-Tagebuch bis hierher verstehen würde. Sozusagen noch mal eine Rückversicherung für mich. Sollte sie interessiert sein, würde ich ihr dann einfach gleichzeitig wie Takeo-Besitzern, die weiteren Tagebuch-Seiten, sobald verfasst, per Mail schicken.

Bereits am gleichen Abend kam ne E-Mail zurück, die ich leider, leider nicht aufgehoben habe, aber deren Inhalt ich noch weiß: Sie hätte bereits alle Seiten förmlich „verschlungen" und meinte, ich würde wundersamer Weise tatsächlich sie und ihren kleinen Rüden beschreiben, obwohl ich beide zusammen ja noch nie gesehen hatte!!! Sie habe schon gecheckt, dass sie was ändern muss, nur der „Klick" würde ihr noch fehlen. „Ach" dachte ich.

In diesem Moment kam ich auf die Idee, meinen E-Mail-Kontakt mit Takeo-Leuten, natürlich ohne Adresse und Namen, deren Fragen, meine Antworten und auch das Tagebuch aufzuheben und erst einmal in einem Word-Dokument zu sammeln.

Wir hatten vor einigen Jahren schon mal so einen Fall und es ähnlich gehandhabt wie jetzt. Die Familie damals bekam ihren Hund wieder. Das „Projekt" hatte recht gut geklappt, wir besprachen jedoch alles nur am Telefon, ich hatte kein Online-Tagebuch verfasst. Da es diese „Fälle" scheinbar doch öfter gibt, nehme ich mir jetzt einmal etwas mehr von meiner Zeit, um hoffentlich vielen weiteren unglücklichen Hunde-Besitzern, die eine zweite Chance möchten, diese auch geben zu können.

Diesen Hund damals hatte ich auch einige Wochen hier bei mir. Dadurch kann ich mich vergewissern, dass nicht der Hund einen „einprogrammierten Fehler" hat. Und das erkenne ich nur, wenn ich den Hund eine zeitlang live erleben kann. Die Familie wollte selbstverständlich nur „das Allerbeste" für ihr neues Familienmitglied. Ein Irrtum jedoch war, ein Futter mit zuviel Protein zu kaufen. Shinaiko, so heißt er, war vollgestopft mit Energie, die er gar nicht ausleben konnte. Schon allein durch ein anderes Futter habe ich ihn nach kürzester Zeit auf eine „normale" Lebhaftigkeit für sein Alter gebracht.

Dann gab es auch für Shinaiko Grenzen und Regeln mit allem nötigen Durchsetzungsvermögen von mir und auch dem Rest meiner Familie. Als der Rüde wieder bei ihnen war, haben sie ihren „Klick" weiter mit einem Hundetrainer gefestigt. Auch glaube ich, dass die Wochen bei mir noch zu einer weiteren guten Veränderung beigetragen haben: Shinaiko war nicht mehr ganz so „kindlich". Damit konnte die Familie einfach nicht umgehen. Wir haben heute guten Kontakt, der Hund ist mittlerweile erwachsen und lebt glücklich mit seiner Familie und sie mit ihm. Hier hatten wir also auch schon erfolgreich mit der Familie und einem dort ansässigen Trainer zusammengearbeitet. Der Name Shinaiko = laienhaft von mir erschaffen als „Nicht-Kind-sein-dürfen". Daher heißt die „Krankheit" das „Shinaiko-Syndrom".

SHINAIKO

Die Symptome des Shinaiko-Syndroms:

Nicht zu erkennen, welche Regeln und Grenzen ein Welpe, Junghund oder auch erwachsener Hund im eigenen Reich kennen muss und was er aufgrund seines eben noch kindlichen Verhaltens oder mangelnder Erziehung noch nicht können kann.

Ursachen:

Verloren gegangene innere Eingebung des Menschen für die wichtige Erziehungsgrundlage. Mensch lässt sich lenken und leiten, will allem und jedem gefallen und hat kein Gespür mehr für die Weitergabe von sinnvollen Regeln und Grenzen. Zudem wird er verunsichert durch ein Zuviel an unterschiedlichen, unverständlichen und nicht durchführbaren Hilfestellungen.

Therapie:

Mehrmalige Lese-Kur des „Klicks": Einmal bevor ein Hund ins Haus kommt, vier Wochen nach dem Einzug, sechs Monate später und dann je nach „Einschleich-Macken" gelegentlich alle ein bis zwei Jahre. Unterstützende Begleitung einer gut geführten Hundeschule verbessert und beschleunigt die Heilung, die Dosierung kann herabgesetzt werden.

Behandlungserfolg:

Sollte der Patient beim ersten Lesen den vollständigen „Klick" noch nicht gefunden haben, wird es nach Lesen in den Abständen jedes Mal ein Stück „klickiger". Einfach, weil er Hunde anders beobachtet, Zusammenhänge besser versteht und dies leichter verinnerlichen kann. So hat er mehr Ausstrahlung auf den Hund, dadurch mehr Sicherheit und fällt klare und schnelle Entscheidungen. Zusätzlich ist bei der Auffrischung nach einiger Zeit die Rückfallquote wesentlich geringer.

Nebenwirkung:

Der Mensch hat eine entspannte, fröhliche, einfach gute Zeit mit seinem Vierbeiner!!!

Nun ist es also so, dass auch diese Hunde-Besitzerin das „Shinaiko-Syndrom" hat und ich ihr ohne viel weiteren Aufwand helfen kann. Wenn sie denn will und eine zweite Chance mit ihrem Hund ergreifen möchte. Das werden wir am Freitag wissen.

Jetzt aber erst einmal weiter hier im Tagebuch:

Dienstag, 27. April, Takeos 11. Tag bei uns.

Heute war noch mal „Keiko-Tag". Beide haben viel Quatsch gemacht. Ich ziehe vor jedem, der es schafft, zwei Welpen gleichzeitig zu erziehen, so dass sie wirklich gut folgen, den Hut. Ne, alle Hüte, die ich habe. Öhm, ich habe keinen einzigen Hut – na gut, aber viele Käppis *gg*. Trotzdem war es wieder spannend, die Zwerge zu beobachten. Ein paar Dinge haben sie schon eingehalten, die ich von ihnen wollte. Pfuh.

Keiko mit Bruderherz, Candy und Jumi

Keikos Frauchen saß beim Abholen noch hier auf der Terrasse, als der nächste Besucher kam: Unsere Ex-Hündin Alessi von Werthers Echte, mittlerweile elf Jahre alt, kam wie so oft diesmal für zehn Tage in Urlaubspflege. Alessi hatte ihre Zuchtbeurteilung erfolgreich bestanden, zwei wunderbare Würfe aufgezogen und insgesamt vier Jahre mit uns ihr Leben geteilt. Dann haben wir sie an eine Freundin abgegeben, da man sich als Züchter auch leider, leider von manchen Tieren trennen muss. Und, wenn man die richtige Familie gefunden hat, ist der Hund dort sehr glücklich, was man als „Normalhundehalter" nicht wirklich glauben mag. Ich habe auch lange dazu gebraucht, das erste Mal diesen Schritt zu gehen.

Bei dieser Hündin ist es jedes Mal so, wenn sie da ist, glaubt man, dass sie nie weg war. Sie weiß noch alle Regeln, fügt sich super in die Gruppe ein und alles ist schön.

Okay, bis auf ihren noch schnelleren Belleinsatz als bei den Klein-Hunden *grummel*, was von mir erhöhte Aufmerksamkeit und schnelle Abbrüche erfordert. Einzeln gehalten bellen die meisten selten, da reizt ganz bestimmt auch die „Gruppen-Bewegung". Auch kommt es darauf an, wer welche Aufgabe innerhalb ihrer

| Junghündin Alessi mit Annika | Alessi der Urlaubsgast mit Candy |

Gemeinschaft übernommen hat. Angenommen hatte ich, dass Alessi die beiden Geschwister Takeo und Keiko gleich zurechtweisen würde, da sie eine recht strenge Hundemama war. Gerade diese Hundemütter gehen mit Fremdwelpen oft ruppig um. Auch wir Menschen neigen dazu, die Kinder oder auch die Hunde anderer viel strenger zu beurteilen, als die der eigenen Familie. Aber dies war nicht der Fall. Beide Welpen haben Alessi sofort geachtet. Zwar versucht, mit ihr zu spielen, aber als sie nicht drauf eingingen, war es einfach okay.

Abends dann waren Candy, Jumi und ich mit weiteren Leuten und Hunden aus der hiesigen Hundeschule walken, ich ließ den Rest der Bande beruhigt zu Hause.

Mittwoch, 28. April, Takeos 12. Tag bei uns.

Heute war Takeo wieder mit mir unterwegs, zusammen mit Roxy und seiner Mama Lolli. Da ich häufig unterschiedliche Wege gehe, war auch das wieder ein kleines Abenteuer für Takeo. Wir haben eine nette Pudeldame getroffen, die ein Stück mit Frauchen mit uns ging. Und ein böser lauter Traktor trieb auf einem Feld sein Unwesen. Da die anderen Wauzis ihn aber keines Blickes würdigten, versuchte auch Takeo cool zu bleiben – als er allerdings unser Auto sah, fetzte er gaaanz schnell hin. Ich habe ihn dann aber noch mal zu mir gerufen. Er hat sich getraut, obwohl der böse Traktor genau neben uns war. „Sssuuper gemacht" habe ich ihn dann gelobt, ruhig gestreichelt, danach sind wir zusammen gaaanz schnell mit freudigem Gejauchze zum Auto gerannt.

Warum habe ich Takeo noch mal vom Auto zu mir gerufen? Ich hätte ihn doch einfach dort lassen können, da wollten wir ja eh hin, oder?

Donnerstag, 29. April, und Freitag, 30. April, Takeos 13. und 14. Tag bei uns.

Es gab keine bedeutenden völlig neuen Ereignisse. Ein wenig geübt, aber nur so „nebenbei", da ich viele andere Dinge zu tun hatte. Natürlich habe ich trotzdem immer wieder mal, über den Tag verteilt, kurz meine Aufmerksamkeit auf ihn gelegt. Sei es ein „Sekunden-Kämmen", dann mal was verboten, mal was erlaubt. Etwas später kurz mit der ganzen Gruppe im Garten gelaufen, alle ins Sitz gehen lassen, Leckerli gegeben. Und auch mal kurz alle wachen lassen (bellen) bei Fremden, die vorbeilaufen. Versuch, nicht bellen zu lassen bei Nachbarn. Dies ist eines der wenigen Dinge, bei denen meine Hunde und ich nicht einer Meinung sind. Und verhandeln.
Ich hätte gerne, dass sie nur bei Fremden bellen – Teile von Ihnen bellen aber auch bei Nachbarn, wenn die Gruppe draußen weilt, ich aber im Haus bin.

Als der Postbote kam, war ich zufällig mit draußen und die Hunde hatten demzufolge keinen Auftrag. Heißt, sie verbellen ihn, wenn ich im Haus bin. Komme ich jedoch dazu und sage „SCHLUSS" oder „Vielen Dank ihr Hunde, jetzt rede ich mit ihm", sind sie ruhig. Klaro geht das bei euch alles „nicht eben nebenbei" – eure Beziehung ist ja erst am Entstehen, für euch ist das schon ein richtiger Job, keine Frage.

Takeo hatte ich bei ner Kaffeepause kurz auf den Schoß genommen und geknuddelt und geknutscht. Irgendwann nur ein paar Sekunden mit Zerrseil mit ihm gespielt, ich kann ihn wie seine Mama damit schon ganz leicht in die Luft ziehen – mit einem „Aus" gibt er es her – und dann darf er es nochmal haben und gewinnen.

All dies ist übrigens auch möglich, wenn zu bestimmten Uhrzeiten gearbeitet werden muss. Eben etwas anders getimt dann. Und mit vorher befülltem, eingefrorenen leckerem Futter-Spielzeug ausgestattet (eine Schicht Leberwurst, eine Schicht Hüttenkäse, eine Schicht Nassfutter, eine Schicht Speiseeis...., hier gibt es für Hunde-Mägen kaum Grenzen). Der Hund ist eine Zeit lang beschäftigt, genüßlich die gefrorene Kost ganz langsam mit der Zunge, eben wie bei einem Eis, herauszulutschen. In der Zeit kann man wunderbar mit Kunden oder dem Chef telefonieren, oder zum Kopierer gehen ohne jaulende Begleitung. Weitere Übungen sind in der Mittagspause oder später machbar. Das ist aber für euch eigentlich nichts Neues, da hatten wir drüber gesprochen.

Man kann einen Welpen nicht zur Ruhe auf eine Decke zwingen, in dem man ihn immer wieder dorthin zurück bringt. Hier geht es eben nicht wie ihr meintet „ums Prinzip" und ... der „Mensch muss sich durchsetzten". Takeo konnte es noch nicht

Die beiden älteren Herrschaften Jimmy und Roxy genießen ihre Pause

können!!! Ihr habt vergessen, ihm vorher überhaupt zu lehren, dass man artig auf einer Decke warten kann. Ihr habt es gar nicht geübt! Vorher mal belohnen, wenn er sich „aus Versehen" auf die Decke setzt. Oder ihn auch EIN MAL! hintragen, ihm dort was Feines geben, solange er es frisst, bleibt er auf der Decke. Gleich „DECKE" oder was ihr wollt dazusagen.

Und dann „darf" er – BEVOR er von selbst aufstehen will – also ganz schnell handeln, mit einem Befehl von euch wieder runter. Das klappt zuerst nur wenige Sekunden. Ne Woche später schon Minuten – und dann ne Weile drauf schon Stunden. Es zaubert sich nicht einfach hervor.

Kleine Kinder gehören ja auch immer wieder beschäftigt. In einem Restaurant können sie nicht stundenlang brav am Tisch sitzen und nix passiert! So könnten sie malen, Karten spielen, Rätselspiele mit den Erwachsenen machen, zur Not in der heutigen Zeit eben auch mal mit nem Spiel auf Mamas Handy unwirkliche Mäuse mit Käse fangen oder, oder. Einfallsreichtum ist hier gefragt. Und das eben so lange, bis das Kind sich „wohlfühlt", ohne diese Beschäftigungen, egal worauf auch immer, „warten kann".

Abends bei der Napf-Mahlzeit macht Takeo alles schon recht ordentlich, der Augenkontakt kommt immer früher. Super. Mittlerweile hat er sich angewöhnt, solange ich die Näpfe in der Hand halte, wie die Resthunde fröhlich zu hüpfen. Ja, meine Bande steigert sich da etwas hoch – sogar Roxy hüpft immer noch ein wenig auf und nieder. Diesen „Erwartungstanz" dulde ich (nur, solange ich den Napf in der Hand halte, sobald er am Boden steht, ist Schluß, gebellt werden darf nicht.) Ich bin mir sicher, dass unsere Althündin deswegen noch so gut frißt. Und die kleine Lolli springt aus dem Stand bis auf meine Kinnhöhe vor Begeisterung. Sicher, sie machen „SITZ" , sobald der Napf am Boden steht. Außer Roxy, die hat ja „Rücken" und ist davon befreit. Aber auf mein „OKAY" wartet sie immer noch brav. Und, zeitlich etwas unterschiedlich, reihen sich sogar die meisten Gasthunde in den Tanz ein.

Ist Takeo an der Reihe, sitzt er schön auf seinem Popo und guckt ganz erwartungsvoll. Toll. Ich lege nur noch meine Hand vor seine Brust, dann kann ich relativ schnell auflösen. Ganz toll von ihm. Toller als toll. Er könnte alles, wenn auch ihr das Umdenken und die Veränderung durchführt. Er kommt nicht erzogen zu euch zurück. Ihr fangt leider ganz von vorne wieder an. Alles, was ich bei ihm durch meine Art, durch meinen Nachdruck, durch meine Körpersprache und meine Entschlossenheit hier erreicht habe, macht er so eben nur bei mir. Ihr müsst nun von vorne mit ihm üben. Sofort, wenn er wieder bei euch ist, weht ein neuer Wind. Das kriegt ihr hin!!!

Den kleinen Erkannnix meiner Kundin kann ich mit den Fingern in der Zupftechnik trimmen (macht man bei manchen Hundesorten, um das abgestorbene Fell zu lösen) – sie selbst kann ihn noch nicht mal mit einem einfachen Kamm frisieren, da knurrt er. Und schnappt auch mal – bisher nur in die Luft. Sie kann ihm nichts aus dem Maul nehmen – er macht zu wie ein Krokodil. Sie lief da schon mal mit dem Hund zu mir (mit Würgetechnik, damit er nicht schlucken kann, echt wahr): „Tun Sie ihm das raus, ich weiß nicht, was es ist" – ich hebel ihm seine Schnauze auf und habe ne mumifizierte Maus oder nen grünglibbrigen Leberkäse in der Hand.

Vor einigen Jahren waren mal „Fremderziehungs-Trainingslager" nenn ich das jetzt mal, in. Da wurden die Hunde für eine oder zwei Wochen hingegeben, und die Besitzer hatten die Hoffnung, dass das Tier bei der Rückgabe endlich folgt. Diese

Hundebesitzer haben richtig viel Geld dafür hingelegt. Ein paar Tage, manchmal sogar bis zu zwei Wochen, war der Erfolg auch noch zu sehen - dann aber verfielen ALLE Hunde wieder ins alte Muster - da sich die Besitzer nicht geändert haben und ein Hund eben nicht blöde ist. Es soll auch Eltern geben, die erwarten, dass Lehrer ihre Kinder erziehen – manche können das in der Tat – die Kiddies schauen dann zu diesem Lehrer auf. Sind die Kinder dann von selbst auch zu Hause friedlicher und haben mehr Hochachtung vor den Eltern? Ganz bestimmt nicht. Ihnen fehlt – genauso wie den Hunden – die Führungsperson zu Hause.

Ich wünsche mir, dass ihr gemeinsam ab nächster Woche euren Weg findet und die zweite Chance wirklich nutzt. Und, wenn ihr merken solltet, dass es nicht klappt in den nächsten Wochen, ihr das bitte sagt, und wir

Takeo eine neue Zukunft ermöglichen können. Gemeinsam können wir auf jeden Fall mit Takeos Tagebuch vielen verzweifelten Hundebesitzern, die auch am „Shinaiko-Syndrom" leiden und das jetzt lesen, ein glückliches Leben mit Hund schenken.
Wichtig ist, dass es im Haus und Garten oder der Wohnung Regeln und Grenzen gibt. Nur so lernen sie, irgendwann auch draußen bei all den ganzen Ablenkungen wenigstens größtenteils zu folgen. Das im Haus und Garten beigebrachte „BLEIB", „NEIN", geknurrte "EH-EH", „SUCH", „AUS", „SCHAU MAL", „nach Ruf SOFORTIGES Kommen" ist wahrscheinlich die einzige Möglichkeit, ihm die nötige Anerkennung euch gegenüber beizubringen. Sie ist schlicht und ergreifend nötig in vielen Situationen

eures weiteren, hoffentlich langen gemeinsamen Lebens, um mit Stolz über das Erreichte und einem glücklichen Hund die Welt zu genießen.

Bei der ganzen Sache dürft ihr aber auch nicht glauben, selbst wenn ihr eine Veränderung merkt und vor allen Dingen dem Hund zeigt, dass ab dem „Tag des Klicks" immer „Friede, Freude, Eierkuchen" ist. Das ist auch bei mir nicht so, auch wenn ich den „Klick" im Kopf habe und weiß, wie es geht. Meine Hunde wissen genau, wo meine Schwächen liegen. Dies war übrigens einer der ersten Sätze, die der Hundetrainer von der Schule, von der ich so begeistert bin, zu mir gesagt hat. Das war für mich der Auslöser, dort mein Training zu beginnen.

Ich habe ja schon lange Hunde und in dieser Zeit auch schon einige Hundeschulen „durch". Oft erfährt man erst nach viel gemeinsamer Zeit auch nur durch Zufall die Wahrheit, warum denn der eigene Hund des Ausbilders nie dabei ist: Ja, auch Trainerhunde können so einige „Betriebsstörungen" haben. Hier ziemlich schnell klarzustellen, dass eben auch ein Trainerhund kein Roboter ist, macht den Ausbilder lebensnah und echt, auch ist der Unterricht von angenehmer Stimmung. Hund sollte mit all seinem „Anhang" meist freudig in die Stunde gehen. Viele Hundetrainer sind überhaupt zu ihrem Job gekommen, weil sie Probleme mit ihrem Hund in der „Findungsphase" hatten. Was eben auch heißt, dass nicht alle Hundetrainer-Hunde „klinisch rein" und „mackenlos" sind. Dann müssten ja auch gelernte Erzieher die besterzogensten Kinder überhaupt, oder jeder Psychologe kein einziges Problem haben – dem ist aber nicht so! Und das ist menschlich.

Und trotzdem bin ich froh, kein Trainer zu sein – mir stinkt es ja selbst, wenn mal wieder was „schiefgeht", ich die Lage falsch eingeschätzt und die Hunde eben nicht im Griff hatte. Diese „Fehlaktionen" geben einem Hundetrainer, dem mal was mit seinem(n) Hund(en) nicht gelingt, sicherlich noch ätzendere Gefühle – es ist aber einfach nur „das wahre Leben". Und ich ertappe mich gerade bei dem Gedanken „darf ich überhaupt dieses Buch schreiben, obwohl auch bei mir nicht alles funzt"?

So schleicht sich auch bei uns immer wieder mal ein Hund nachts aufs Sofa oder sie bellen (mir) zuviel in der Gruppe oder sie preschen trotz einem „FUSS und BLEIB" nach vorne auf einen anderen Hund zu oder ein junger Hund springt doch mal einen Spaziergänger mit seinen Matschpfoten an oder ein Karnickel springt vor uns auf und alle sind weg oder versuchen, doch mal in die Küche zu gehen, ... und, und, und. Nichts ist mehr wie vor dem Hund, es ist mehr Dreck, weniger Zeit für anderes, mal gibt es unvorhergesehene Überraschungen. Mal hat er Durchfall, mal muss er sich übergeben, mal macht er doch irgendwas kaputt.

Und trotzdem lohnt sich all die Mühe hier, da Hunde so viel Wärme zurückgeben und uns immer wieder ein Lachen auf die Lippen zaubern. Also schreibe ich weiter.

Wenn ihr es richtig macht und mehr Freude mit eurem Hund habt als Frust, dann werdet ihr immer wieder einen Hund haben wollen. Ich finde, mit Hund(en) sein Leben teilen zu dürfen, ist eine sehr große Freude – und hat man die Chance, dies kennenzulernen, ist man ein sehr reicher Mensch. Ich werde jetzt hier fast theatralisch *schluck*, schnell noch mal zurück zu Takeo:

Er ist schon gewaltig gewachsen, euer Junge. Sowohl in der Größe, als auch in der geistigen Reife. Sein Geschirr passt ihm nicht mehr. Er trägt voller Würde im Moment Jumis Halsband. Wir haben nur noch acht Tage.

Wer den zerlegt hat??? Öh, keine Ahnung... ...wir haben ihn gerade so gefunden...ich schwörs!!!

...der arme Bär...das waren bestimmt die Meerschweinchen – oder die Schildkröte...

...oder Annika – neee, ich habs, war bestimmt Herrchen!

Boah, wie peinlich ist das denn – ich muss noch viel lernen!

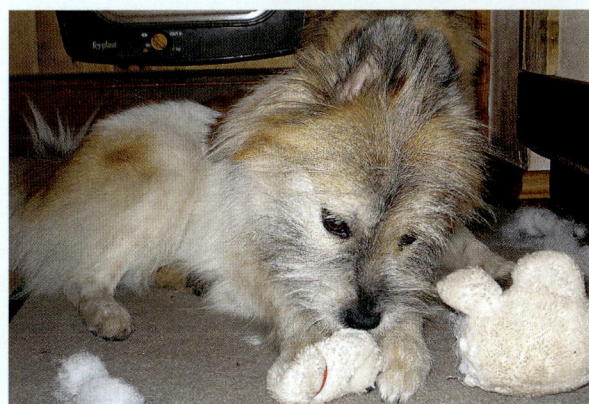

So ein Theater wegen dem ollen Bären hier!

Es gibt noch einiges, was ich euch beim nächsten Mal zu schreiben habe – zum Beispiel das Thema „Stubenreinheit in allen Abhandlungen". Das habe ich bis jetzt ausgespart, damit ihr nicht zuviel Gewicht drauflegt. Ihr habt gedacht, bei uns ist da nie was passiert??? Nöhööö, weit gefehlt... das berichte ich euch im nächsten Kapitel.

Bis dahin seid tapfer und lest euch nochmal die Anfänge hier durch – könnt ihr jetzt schon einige der Fragen beantworten? Solltet ihr den Anfang nicht mehr haben, schicke ich euch gerne wiederholt das gesamte Tagebuch... .

Nachdem ich Teil 5 – zu dem ich viel Zeit am PC gebraucht hatte – an Takeos Besitzer geschickt hatte, kam diese Mail am 04. Mai:

>*Hallo Simone,*

>*mittlerweile sind die Freunde mit ihrem Hund da und für Takeo wird schon*
>*mal ein „Parfum" zur Begrüßung vorhanden sein. Wann sollen wir uns denn*
>*am Sonntag treffen? Und wie sieht es mit dem Futter aus, seid ihr nach wie*
>*vor beim Youngster?*
>*Ich nehme an, dass wir bis Sonntag ein Neues holen sollten. Wir haben am*
>*Freitag eine Feier, deshalb frage ich sicherheitshalber heute schon.*
>*Viele Grüße*

>*Takeo-Frauchen*

Anmerkung der Redaktion: Hääääää??? Ich glaubs ja nicht. Ich schreibe mir hier nen Wolf, hoffe darauf, dass sie verstanden haben und mir ein paar Antworten geben können, und ihr einzige Belastung ist das Futter??? Ruhig, Brauner. Ganz ruhig. Nicht schreiben, was du gerade denkst... hier dann meine Antwort nach ein paar mal Durchschnaufen noch am gleichen Tag:

>Huhu,
>ja stimmt, das Futter ist alle. Ich habe Erwachsenenfutter mit nem noch hier
>gewesenen Youngster gemischt. Ihr könnt auch schon mischen, wenn ihr wollt.
>Wegen Sonntag wollte ich mich heute melden, hatte aber ein PC-Problem,
>jetzt ist es endlich gelöst. Mein Vorschlag, überlegt doch mal: Entweder treffen

>wir uns wieder an der Raststätte, dann aber schon so gegen 11 Uhr. Ich
>kann nur nicht lange bleiben, da ja Muttertag ist und ich gerne wieder
>schnell daheim wäre. Was auch möglich ist, wenn ihr euch durchringen könntet,
>ganz bis zu uns zu fahren. Es gäbe dann Muttertagstorte von Annika und ich könnte
>euch ein paar nützliche „Takeo-Anwendungen" live zeigen. Denke spätestens
>morgen kommt noch mal ne Ladung Takeo-Tagebuch, wenn ich es schaffe,
>heute noch zu schreiben.

>Viele Grüße Simone

Darauf hin erhielt ich am 05. Mai diese Antwort, auf die ich erst bei Senden von Teil 6 schreiben konnte, sonst wäre es nicht „artgerecht" geworden:

>*Hallo Simone,*
>*klaro, dass du am Muttertag zeitig daheim sein willst. Für uns ist es kein*
>*Problem um 11h an der Raststätte zu sein, dann machen wir es lieber etwas*
>*kürzer... wir werden uns nach Sonntag mit Sicherheit häufiger hören oder*
>*mailen. Ich besorge ein Youngster und was zum Mischen, wir haben ja den*
>*Tiermarkt ganz in der Nähe.*
>*Was bekommst du denn an Geld für Futter, Tierarztkosten etc. von uns?*
>*Viele Grüße*

>*Takeo-Frauchen*

Anmerkung der Redaktion: Hm, sie nehmen die Hand von mir nicht, um vor Ort über vorhandene Schwachstellen mit Hund zu reden.... das ist doch nicht aus Rücksicht, weil ich Muttertag habe??? Wie, Geld für Futter und Tierarzt???

Donnerstag, 06. Mai, um 16.30 Uhr habe ich diese Mail an Takeo-Besitzer gesendet:

>Hallo,

>nun denke ich sind wir beim letzten Kapitel des Tagebuchs angekommen. Ich habe
>aber etwas das Gefühl, ihr habt gar nicht alles durchgelesen, kann das sein?

>Und bitte, beantwortet ihr mir die Fragen noch, die ich während der verschiedenen
>Teile gestellt habe. Die Antworten sind ja eigentlich schon enthalten. Nun
>solltet ihr doch langsam verstehen, was richtig und was falsch gelaufen ist, und was
>einfach in Takeos Fall noch kindlich ist und was er doch schon wissen muss – oder
>nicht? Dann bitte, meldet euch. Nur nach dem „Klick" wird es mit euch
>und Takeo wesentlich besser funzen.
>Was das eigentlich kosten würde??? Meintet ihr damit das „etc." in eurer Mail?
>Es ist unbezahlbar. Ich habe mir hier echt viel Mühe gegeben, das alles so
>aufzudröseln... . Eine Einzelstunde bei einem Hundetrainer kostet mindestens,
>wenn nicht noch mehr - wenn ihr das mal hochrechnen wollt? Das bisschen Futter
>fällt bei uns nicht ins Gewicht und die nochmalige Milbenbehandlung übernehme
>ich selbstverständlich. Ich hatte jetzt echt auch damit gerechnet, dass ihr die Chance
>wahrnehmt und zu uns fahrt und wir ein paar Dinge durchgehen könnten.
>Morgen habt ihr ja eure Feier, ich wünsche viel Spaß.

>Am Samstag werde ich mit Takeo das letzte mal die Welpenschule besuchen.
>Dann bin ich mit Annika in Nürnberg beim Power-Shopping, Rolf wird hier zu
>Hause alles Getier hüten. Ich werde erst gegen Abend wieder am PC sein, die
>Zeit müsste doch reichen, um die Fragen zu beantworten? Ich hoffe es für euch und
>euren Hund. Ich möchte doch nur, dass ich Takeo beruhigt an euch zurückgeben
>kann und ihr euch bemüht, einen neuen Weg mit ihm zu gehen.

>Hier noch im Anhang der letzte Teil des Tagebuchs.

>Viele Grüße

>Simone

Nach einem entspannten Wochenende war am Montag, 03. Mai, dann wieder ein Full-Power-Day. Takeos 16. Tag bei uns.

Während ich das hier schreibe, ist Takeo 15 Wochen alt.

Annika war zwischenzeitlich auch mit Takeo spazieren, sie ist gut klargekommen. Er begrüßt sie immer ganz erfreut, sie knuddeln und raufen ein wenig – beide sind mit Spaß dabei. Wird er zu heftig, rügt sie ihn kurz und er wird wieder lammfromm.

Heute wird der Tag für Takeo etwas stürmischer, dass ist durchaus auch mit einem jungen Hund möglich. Bitte dafür aber unbedingt den nächsten oder übernächsten Tag durch viel Ruhe und ohne große Reize wieder ausgleichen!
Nach üblicher Haus- und Computerarbeit war ich mit Roxy, Alessi und Lolli Gassi. Danach haben die drei jeweils was zum Knabbern bekommen, die anderen drei, also Takeo, Candy und Jumi, fuhren mit mir so gegen 11.30 Uhr los in eine 120 km entfernte Stadt. Dort habe ich alle paar Wochen einen Termin. Ich fahre immer zeitig los, damit ich mit den Hunden, die mit „dürfen", vor dem Date noch entspannt laufen gehen kann.

Der Spaziergang in dem Wald war wieder sehr schön. Ich habe hier bewußt Befehle vermieden, Takeo nur ab und an mal zu mir gerufen, um ihn dann sofort wieder freizugeben und mit den anderen düsen zu lassen. Super natürlich wieder, dass meine „Großen" den Weg nicht verlassen – so kam der kleine Wicht gar nicht erst auf die Idee, „fremdzugehen".

Entspannung pur

Dumdideldö...

Volle Kanneee...

Hurra, wir kommen!

Ein Schnüffelstück!

Augenblicke

Nach dem Ausflug haben alle drei brav im Auto in der Tiefgarage auf mich gewartet. Takeo war in einer Einzelbox und hatte eine kleine Schüssel Wasser zur Verfügung. Die Großen lagen entspannt im Kofferraum daneben. Nach meinem Arztbesuch, diesmal anderthalb Stunden, ging es wieder eine Stunde zurück Richtung Nürnberg. Mit meinem Stammtisch war ich zum Essen verabredet. Ja, stimmt, zwei Wochen sind schon vorbei. Diesmal lag die ausgesuchte Gaststätte in der Nähe eines großen Parks. Dort gibt es eine Frei-Auslauf-Fläche für Hunde. Das ist natürlich klasse, auf diesem Gelände trifft man immer viele Hundehalter mit ihren freilaufenden Wauzis.

Da Stadthunde gewohnt sind, immer anderen Hunden zu begegnen, kommt es so gut wie nie zu ernsthaften Auseinandersetzungen. Sie denken nicht „gebietsbezogen", wie es oft bei „Landeiern" üblich ist. Bei einem ländlich lebenden Hund kommt es durchaus öfter vor, dass er glaubt, alle umliegenden Felder und Wälder wären „seins", da er viel seltener auf einen anderen Hund trifft. Die bröseln dann schon aus einiger Entfernung mal los. Klar kann es auch „durchgeknallte" Stadt-Hunde geben – nichts im Leben ist ohne Gefahr. Im Allgemeinen sind sie aber friedlich, da sie ständige Hundebegegnungen als völlig normal empfinden.

Und, ich konnte an solchen Orten in all meinen vielen Jahren mit Hunden nur selten eine ernsthafte Beißerei oder Mobbing beobachten.

Da ich am Vormittag ja absichtlich nur wenig Befehle gegeben habe, hatte ich am gleichen Tag beim nächsten Abenteuer trotzdem noch seine volle Aufmerksamkeit.

So freute sich Takeo über ein paar aufregende hündische Erfahrungen mit kleinen und großen, alten und jungen Hunden. Mit Candy war ich, glaube ich, auch das erste Mal dort – Schande, Schande, hab ich das wirklich in anderthalb Jahren nicht ein Mal geschafft??? Jedenfalls fand sie auch alles seeehr spannend, hat sogar richtig „geschäumt" am Maul vor Aufregung. Hat alles gut geklappt dort, einige der Hundehalter erkannten die drei sogar als eine „Rasse". Respekt. So haben wir immer wieder mal Small-Talk gehalten, die Hunde sich auch „unterhalten", und ich bin so dort auf der Freifläche von Grüppchen zu Grüppchen gesprungen. Auch konnte ich zwischendurch alle in Freifolge bei mir halten, sie sind nicht selbstständig zu den anderen Hunden gerast. Und Abrufen aus der Gruppe hat auch super geklappt. Schön wars. Fanden wir alle.

Begegnungen

Uiii, riecht es hier nach vielen Hunden...

...aber wo sind die denn alle?

Ich sehe keine...   ...ich auch nicht!

Gibts doch nicht...

...da hinten – ganz viele – looos, hin!!!

Ja, wir sind artig. Nein, wir rupfen kein Fell aus. Ja, wenn du rufst, kommen wir sofort...

Shit, Frauchen hats gemerkt. Kann die Gedanken lesen?

...nein, wir erbetteln keine Leckerli. Jemanden anspringen tun wir nicht. Ehrenwort – im Namen des geheiligten Wolfes. Können wir jetzt?

Tach Tach, neu hier?

Ja, hallo, ich bin Takeo und noch ganz klein.

Hey, was macht denn Candy?

Guten Tag, schöne Frau – ganz allein hier?

Ne, leider nicht – habe die ganze buckelige Verwandschaft dabei.

Ooh, du riechst aber gut nach Käse – junger Gouda, stimmts?

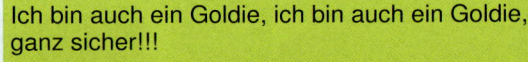

Ich bin auch ein Goldie, ich bin auch ein Goldie, ganz sicher!!!

Jaahaaa, was denkst du denn – ich bin schon ein ganz alter Hase im Begrüßen *räusper*.

He, wieso haust du jetzt einfach ab – ich habe mit dir gesprochen!

Hör mal, du hast mir meinen neuen Freund weggeschnappt!

Du kleine Kröte hast hier gar nix zu melden!

Was ist denn hier los? Brauchste Hilfe, Takeo?

Beide seid ihr wieder friedlich, ja!?!

Nix für ungut, er ist noch in der Lernphase.

Ja neee, gibt keine Probleme – alles prima *schluck*.

Dem haben wirs aber gezeigt☺.

Hab ich gut gemacht, ne!!!

Dann gab es am Auto Wasser für alle und Abendessen für Takeo. Wenn Blicke töten könnten – Candy war gar nicht damit einverstanden, dass nur der Kleene was bekommt. Da auch die anderen Großen zu Hause aufs Futter warteten, haben Jumi und Candy noch nichts bekommen. Frust. Aber ausgehalten und überlebt. Alle schliefen brav im Auto, als wir um 21 Uhr das Lokal verließen und nach Hause fuhren. Gleich nach dem Ankommen im Garten musste Takeo pieseln. Er bekam mit den anderen dann auch noch eine Kleinigkeit zu fressen. Er ist ja schließlich immer noch Kind, ne!?

Wie, ich hätte ihn ja auch mal wieder frustrieren können – jahaaa, hätte, wollte ich aber diesmal nicht!

Dienstag, 04. Mai, Takeo ist 17. Tag bei uns.

Abends war ich zum Walken mit weiteren Hundebesitzern verabredet und wollte Candy und Lolli mitnehmen. Mit Alessi habe ich im Garten gespielt, fand sie voll cool. So hatte ich ja aber noch keine Beschäftigung an diesem Tag für Roxy, Jumi und Takeo – aber die konnte ich einfach in den Tagesablauf „einbauen". Ich musste vormittags in die große Stadt was abholen und war auf dem Rückweg in der kleineren Stadt mit Annika auf nen Kaffee verabredet, sie arbeitet dort in einer Firma im Einkaufszentrum im Büro. Also sind die drei mitgefahren.

Auf dem Weg habe ich am Stadt-Wiesengrund gehalten. Mit Tüten für die Hunde-Geschäfte, den Leinen ummen Hals und meinen drei freilaufenden Hunden bewaffnet, machte ich dort auf einem der üblichen Hunde-Spaziergangs-Trampelpfade meine Runde. Auch hier trafen wir auf mehrere Grüppchen mit verschiedenen Hunden in allen Größen und jeden Alters. Am schärfsten fand ich einen jungen „Labrackel".

Farbe, Länge und Kopf wie ein schwarzer Labrador, nur die Beine waren kurz – zum Piepen der Kerl. Auch wurden wir sofort erkannt – „da kommen drei Elo®s – und Sie sind die Zuchtstätte von Werths Echte, stimmts?" Ich war ganz platt.

Weiter gings mit dem Auto zum Einkaufszentrum. Alle drei Hunde an ihre Leinen gehängt und zu der Firma gegangen, in der Annika arbeitet. Wir mussten einige Treppen rauf, die ersten offenen Stufen für Takeo. Und das bis ins dritte Stockwerk. Takeo hat nur einmal kurz gestoppt am Anfang – da Roxy, Jumi und ich aber

weiterliefen, kam er sofort nach. Das ist schon eine Überwindung für einen jungen Hund, da er ja ständig nach unten sehen kann. Runterwärts gings später übrigens ohne Schwierigkeiten. Klasse.

In der Firma hatten sich alle Kollegen nebst Chef um die Hunde versammelt – jeder war entzückt. Sowohl die Hunde als auch die Menschen. Dann waren wir nebenan im Cafe, alle drei Wauzis lagen artig zu unseren Füßen.

Ja, und abends war ich dann mit den Resthunden beim Walken. Eyh, wir waren echt tapfer, zehn Kilometer in strömendem Regen, muss ich uns schon mal loben!

Natürlich habe ich es durch meine Hunde etwas einfacher als ein „Einzel-Hunde-Besitzer" mit der Erziehung. Durch ihr Verhalten lernt Takeo viel schneller. Meine Hunde laufen nicht einfach querfeldein, da ich es ihnen nicht erlaube. Unaufgefordert und wie selbstverständlich trappelt Takeo auch nur am Weg entlang. Legen sich meine Hunde im Cafe hin, macht er es auch so. Rufe ich meine her, kommt auch er sofort.

Aber, bitte nicht vergessen, dafür musste (und muss ich immer noch) was tun, damit das so funzt.

Leider geht aber auch schlechtes Lernen ganz schnell. Also was wir Menschen als solches empfinden: „Warnen, wenn ein Fremder am Garten vorbei läuft". Da keiner meiner Hunde außerhalb des Grundstücks bellt, (außer, wir haben ein Ferienhaus mit den Hunden oder sie sind bei jemandem in Pension), haben sie nur hier diese Möglichkeit. Mal lasse ich es zu (bei unbekannten Personen, die in unserer Sackgasse irgendwelche Flyer in die Briefkästen werfen), mal gehe ich raus und „verbiete" weiteres Bellen (sage ihnen eigentlich eher, dass ich jetzt da bin und das Aufpassen selbst übernehme.) Oder, wenn ich keine Zeit habe, rufe ich alle rein – und zwar zackig. Was leider ab und an zur Folge hat, dass, wenn die Hunde ins Haus wollen und keinen Bock mehr auf Garten haben, einfach das Bellen anfangen – wie gesagt, die sind ja nicht blöd.

Übrigens hören unsere Nachbarn die Hunde allerhöchstens zwei Minuten!!! am Tag – nur so kann man eine angenehme Nachbarschaft erhalten, und in einer eng bebauten Siedlung züchten. Das ein kompletter Wurf dann beim Spielen etwas mehr quiekt ist logisch und auch für die Nachbarn in Ordnung.

Auch spielen muss ich (darf ich?) kaum mit Takeo.

Das übernimmt Candy mit einer Hingabe, dass ich jedesmal zu nichts komme, weil ich die Beiden beobachte, denn es ist einfach zu schön. Sie verstehen sich blind, werden sich bestimmt vermissen.

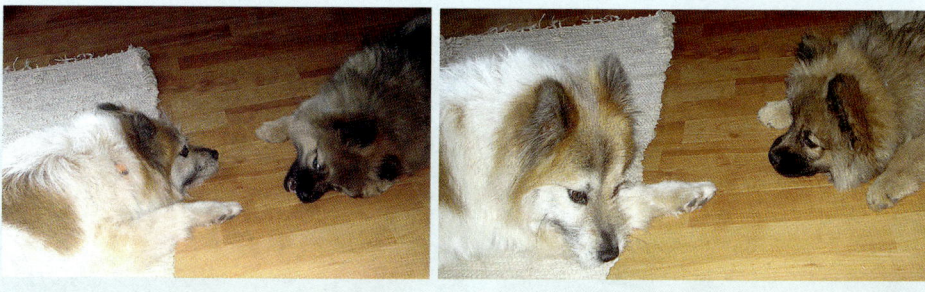

Ich will jetzt spieleeeen...lohooos...   ...ach menno, du Spielverderberin!!!

Manchmal muss man sich tatsächlich allein beschäftigen...

...na geht doch!

Mit Oma klönen

Vieles wird geteilt und jeder putzt jeden

Kommen wir zum Thema Stubenreinheit. Bitte – wenn nicht hart im Nehmen – das Essen mal kurz während des Lesens einstellen. Okay, die Stubenreinheit. Oder eben nicht, wie man es nimmt. Ich hatte ja geschrieben, dass ich erst jetzt darüber berichten möchte, damit dem Ganzen nicht so viel Bedeutung beigemessen wird.

Zuerst einmal muss ich bekennen, dass ich es bei noch KEINEM – also wirklich noch KEINEM einzigen Welpen, der hier bei uns groß wurde (und das waren einige, auch unterschiedlicher Rassen) geschafft habe, dass er nicht mindestens eine Pfütze ins Haus gemacht hat. So. Jetzt ist es raus. Ich bewundere alle, die sagen, ihr Welpe habe nie ins Haus gemacht ...ich möchte da nichts unterstellen *bösegrins*... jedenfalls ist es mir leider noch nicht gelungen.

In der Regel gehen die Welpen so ab der fünften Lebenswoche vom Innengehege im Haus nach draußen ins Freigehege, wenn sie sich lösen müssen. Da haben sie aber auch IMMER den direkten Zugang, ohne Hürden, ohne riesige Wege, ohne große Ablenkung. Das funktioniert wirklich gut, bei allen Würfen. Nachts machen sie in eine mit Zeitung ausgelegte „Klo-Ecke" im Welpenzimmer, das wird auch gut angenommen. Da aber alle fast gleichzeitig „müssen", ist das Gedränge dort groß und der Züchter sollte schnell sein mit dem Säubern, sonst...*böööööh*.

Gehen wir davon aus, dass ein acht Wochen alter Welpe zu seinen neuen Besitzern zieht. Selbst wenn da immer die Terrassentür aufstehen würde, kann der Welpe so abgelenkt sein, dass er den weiten Weg nach draußen gerade nicht findet, zu spät merkt, dass er muss, oder, oder, oder... . So kann es eben sein, dass der Kleine mal undicht ist. Sicherlich weiß jeder, dass ein Welpe ungefähr alle zwei Stunden nach draußen muss. Aber eben ungefähr. Das verschiebt sich, je nach dem, wann er was und wieviel gefressen hat oder er hat mehr getrunken oder lange gespielt... . Hat er nach einem Spaziergang nur ne Stunde tief geschlafen und man geht mit ihm aus dem Restaurant, muss er. Auch eine Aufregung, die wir gar nicht als solche erkannt haben, kann Auslöser eines Bächleins sein. Er liegt draußen in der Sonne, aber ohne Bewegung und man ruft ihn rein – schließlich wusste der junge Hund ja nicht, dass es reingeht und hat demzufolge auch nicht draußen gepieselt. Das merkt er nun mal erst, wenn er drinnen ist und Mensch schon wieder ganz anderes im Kopf hat...aber er muss nun mal und es fließt. Hat er nun nachts durchgeschlafen oder vielleicht doch ne Zeit gespielt, dann muss er viel früher raus, da er sich ja bewegt hat...und, und, und. Nicht zu vergessen, die unterwürfigen Freude-Bächlein, wenn wir ihn zu überschwänglich begrüßen. Auch hat man im Winter nicht immer die Tür auf, auch gibt es Menschen, die sollen in Wohnungen leben und trotzdem Hunde halten dürfen (oft haben diese Hunde sogar mehr Abwechslung mit ihren Besitzern)... und – der Normalmensch – hat nicht 24 Stunden rund um die Uhr Zeit, einen Blick auf den Welpen zu werfen, damit er ihn gleich rausbringen kann. Dann telefoniert man mal, der Hund „guckt anders", dreht sich im Kreis und schon... . Oder man verhandelt gerade mit seinen weiteren menschlichen Mitbewohnern oder saugt oder räumt gerade den Wäschetrockner im Keller aus. Ein kleines Hundeklo vor der Terrassen- oder Eingangstür kann alles etwas erleichtern – kann, muss nicht. Es soll Hunde geben, die sich melden, wenn sie raus müssen. Nun, so richtig melden tun sich meine nicht. Unsere erste Hündin fing das Zittern an, wenn sie dringend musste und wir einen Gassi-Gang irgendwie verpennt hatten. Candy schleicht ruhelos um uns rum und hechelt. Roxy meldet, aber nur nachts und in ganz seltenen Fällen, dann hatte sie den Spät-Abends-Pinkler ausgelassen, weil es geregnet hatte (das hasst sie.)

Lolli und Jumi merkt man gar nichts an, sie gehen halt einfach mit raus, wenn wir die anderen rauslassen. Ganz einfach. Nicht mehr, und nicht weniger. Keiko, die Schwester von Takeo, meldet sich, wenn sie rausmuss. Sie setzt sich vor einen, guckt einen an, fiept ganz leicht. Tür auf, Hund rennt, macht ne Pfütze und kommt wieder rein. Auf Anweisung. So würde man es sich wünschen.

Takeo quengelt vor der Terrassentür. Einmal will er aber eigentlich draußen nur spielen. Beim nächsten Quengler, nur ein paar Minuten später, auch. Und dann aber, beim dritten Quengler, der genauso klingt wie die davor, und wir nicht aufstehen, pieselt er doch glatt vor die Tür. Zefix. Das war dann mal gestern Abend so.

Wir haben ja extra kein Klo für ihn aufgestellt, weil wir ja testen wollten, wie er sich in den unterschiedlichsten Gegebenheiten verhält. Am ersten Morgen, nachdem er damals bei uns ankam, stand ich nach dem Weckerklingeln auf, ging nach unten – und ich sah sofort das erste Häufchen. Schön fest geformt, eigentlich „noch warm".

Warum war das passiert? Den ganzen Tag hatten wir kein weiteres Problem, noch nicht mal ein Pfützchen. Artig hat er jedes Mal draußen gepullert. Abends, als Rolf von der Arbeit kam, besprachen wir uns und glaubten, es schnell erkannt zu haben: Er hat am Morgen Takeo mit ins Erdgeschoss genommen, und wie gewohnt alle Hunde gleichzeitig in den Garten gelassen. In diesen paar Minuten kümmert er sich nicht weiter um die Hunde, die ja wissen, nun machen wir den Morgen-Pipi. Wenn Rolf dann in die Arbeit fährt und bis ich aufstehe, ist Takeo nicht mal 30 Minuten mit den Resthunden im Wohnbereich. So habe ich angenommen, dass Takeo draußen zwar schnell gepieselt, aber wegen den anderen Wauzis die alle noch dabei waren, keine Zeit gehabt, oder „vergessen" hat, sein großes Geschäft zu verrichten.

Also haben wir ab dem nächsten Tag es so gemacht, dass Rolf zuerst Takeo nur mit Roxy (da sie sich morgens nicht wirklich um den Kleinen kümmert) in den Garten gelassen hat. Waren die beiden wieder drin, durften die Resthunde nach draußen. Ab diesem Zeitpunkt hat es durch diese kleine Änderung wunderbar geklappt.

Takeo hatte so mehr Ruhe. Selbst an den Wochenenden hat das prima gefunzt (da steh ich meist vor Rolf auf, aber trotzdem später als unter der Woche.) Er hat brav durchgehalten. Also ich meine den Hund natürlich. Nicht meinen Mann. Das zeigt wieder, dass man gewisse Unannehmlichkeiten durch etwas Nachdenken ziemlich einfach in die richtigen Bahnen lenken kann.

In den drei Wochen, in denen der Bub bei uns ist, hat er vielleicht – wenns hoch kommt – fünfmal ne Pfütze gemacht. Das ist noch im grünen Bereich. Sagt meine Tochter. Ich scheine bei jedem hier aufgezogenen Welpen drüber zu motzen, wie oft dieser denn pieseln muss – angeblich sage ich „das gibts doch nicht, sooft wie „xxx" pinkeln muss, musste doch noch kein anderer Welpe vorher". Und Annika antwortet – angeblich – immer: „Mama, das sagst du jedes Mal, bei jedem Welpen"... kann doch gar nicht sein...müsste ich mich doch erinnern...???

Zwei Glühwürmchen blödeln an einem Fernsehabend

In dieser Zeit hatten wir auch einen „Hektik-Schiss". Folgende Situation, es passierte am sechsten Tag abends. Takeo war nach dem Fressen noch im Garten, ich hatte die Terrassentür geschlossen. Die anderen Hunde waren alle mit mir im Haus, ich setzte mich an den Computer (gleich bei der Terrassentür) und schrieb – bestimmt einen Teil dieses Tagebuches. Dann wollte Takeo rein. Quengel. Bell. Bell. Bell. An die Scheibe gesprungen, heul, bell, hechel. In allen Tonlagen. Er war wie wild. Er konnte nicht fassen, dass ich nicht mal mit der Wimper zuckte. Äußerlich. Boah, er war auf Hundertachtzig. Mindestens. Nach – gefühlten drei Stunden –- (naaa, kommt euch die Szenerie jetzt bekannt vor, aus Tagbuch Teil 3???) setzte er sich immer noch sichtlich erregt vor die Tür. Ich zählte ein paar Sekunden. Kein Ton von ihm. Dann habe ich die Tür geöffnet und ihn mit Kommando reingelassen. Mich nicht weiter um ihn gekümmert. Und man könnte meinen, aus Trotz oder Protest, hat er drei kleinere Spritzerchen im Laufen auf unseren Laminat verloren. Ich habe es weggewischt als er nicht in der Nähe war und mich wieder meinen Aufgaben gewidmet.

So. Man weiß in „Fachkreisen", dass es Trotzreaktionen bei Hunden nicht gibt. Es kann aber ein bereits erlerntes Verhalten sein. Heißt, der Hund bekommt dann von seinen Leuten die Aufmerksamkeit, die er haben wollte, egal, ob diese gut oder auch schimpfend ausfällt. Kennt man auch von Kindern, die keine geordneten Verhältnisse haben. Heißt, er hat in den Wochen bei euch herausbekommen, dass man jegliche Art von Enttäuschung-aushalten-können ausblenden kann. Und das hat ihn gestresst. Kommt das bei einem erwachsenen Hund öfter vor, der nicht krank ist und vorher stubenrein war, kann das schon ein Zeichen für plötzlichen, gewaltigen Stress sein. Hier ernsthaft überlegen, was kann der Auslöser sein, wie kann ich es abstellen. Genauso ist es aber auch möglich, dass Hund beim nächsten Mal in ähnlicher Lage schon entspannter reagiert. In der ersten Hundeschulstunde kann es sein, dass ein Neuling vor lauter Aufregung Durchfall bekommt. Das legt sich wieder.

Jeder begegnet Stress anders – ich bekomme starkes Kopfweh, ein anderer hohen Blutdruck, und der nächste kriegt eben ein Magen-Darm-Problem.

Takeo hatte auch keine „Angst" in dem Sinne – er ist „nur" ziemlich erregt. Das war aber auch das einzige Mal – bis heute *ächz*. Dazu nachher mehr. Er wartet seitdem jedenfalls brav an der Tür, bis ich ihm aufmache – das haben wir natürlich öfter getestet. Allerdings ist „brav warten" bei einem frischen Schüler nur ganz kurz möglich. Also nicht glauben, er bleibt ohne Mucks jetzt ne Stunde da sitzen. Für den Kleinen ist eine halbe Minute schon gaaanz viel. Und natürlich nicht vergessen – sobald man etwas Zeit opfern kann – die Terrassentür auflassen und wieder das „Nicht-einfach-rein-oder-rausdürfen" üben!

Nun ist es schon recht spät, ich werde morgen weiterschreiben. Und mein Mann möchte auch mal an den PC...

Candy mit den Geschwistern Mila und Meeko von Werthers Echte

Mittwoch, 05. Mai, Takeos 18. Tag bei uns.

So, ein neuer Tag, ein neues Glück – heute möchte ich ganz dringend noch meinen „Nagerversuch" anbringen. Vielleicht versteht ihr anhand dieser Tierchen und ihrer „Erziehung" auch, wie es bei einem Hund „funzt".

Meinen Meereber „Tschilly von der Pension Vilstal" habe ich von einem Elo®-Züchter, daher hat er auch einen Zuchtstättennamen *gg*. Tschilly lebt nun seit vier Jahren bei uns, die meiste Zeit frevelhafter Weise ohne ein Zweitschwein. Aber, ich gebe mich viel mit ihm ab, und er hat im kompletten oberen Stockwerk im Winter Auslauf. Auch gibt es Schweinchen-Besitzer, die, weil man sie ja „nicht allein halten darf", zum Beispiel drei Eberchen kaufen. Nach den ersten Raufereien werden sie getrennt, da das Zusammenleben nicht funzt. Sie sind nur am streiten. Ende der Geschichte? Alle drei Schweinchen leben in getrennten Käfigen. Toll.

Selbstverständlich bin ich auch für Me(e)hrhaltung, wenn man sich nicht jeden Tag um die Tierchen kümmern kann, außer Käfig sauberzumachen und etwas zu Fressen reinzugeben.

Es dürfte dann eigentlich auch niemand einen einzelnen Hund ...

Tschilly habe ich erzogen. Er kommt auf Ruf sofort, auch läuft er hinter mir her wie ein Hund. Er lernte schnell, auch durch nen Reifen zu hüpfen, war keine Schwierigkeit für ihn. Er wohnt die meiste Zeit mit unserer Kaninchen-Dame Snubba zusammen. Diese ist sieben Jahre alt, und hat leider gar nichts gelernt. Sie versteht sich aber gut mit dem Schwein. Nun, jedenfalls hat Meereber Tschilly im Moment auch noch eine „Leihfrau" da, die habe ich von einer Familie, die von uns einen Welpen bekommen hat, „ausgeliehen". Sie heißt Blackfoot, ist gar nicht scheu, und wir hoffen, dass beide bald Babys bekommen.

| Snubba-Dame und Tschilly-Mann | Tschilly-Mann und Blackfoot-Frau |

Sie hat im Grunde genommen auch nichts gelernt, ist aber sehr neugierig, beobachtet Tschilly stets und machte ihm sofort vieles nach. So lernte Blackfoot von Tschilly sehr schnell, wie man zu den unterschiedlichen Etagen im „Haus-Käfig" kommt, wie man von einer bestimmten Stelle in unserem Schlafzimmer auf das Wasserbett hüpfen kann, und, dass man seine Beinchen echt zum Laufen hat – alleine ist Blackfoot nämlich nur ein „Sitzschwein". Sie ist sehr gesellig und quiekt viel durch die Gegend.

Nun haben die drei Nager vor zwei Wochen eine neue „Villa" im Garten bezogen. Das Ding ist riesig, mit einem höherliegenden Haus für alle. Super, sollte man meinen. Diese Villa kam in tausend Einzelteilen, die Annika und ich gestrichen, und Rolf dann zusammengebaut hat – dürfen – müssen.

Erst danach konnten wir Folgendes erkennen: (Dies tut zwar nichts zur Sache, MUSS ich aber hier mal los werden): einige Teile des Freilaufes und auch des Hauses waren für den Menschen schlicht und ergreifend nicht erreichbar!!! Super durchdacht, hat bestimmt ein Mann entworfen, der noch nie irgendein Tier hatte!!! Toll!!!

Wie soll man so ein Ding dann bitte saubermachen? Man kommt nicht hin!!! Wie soll man ein Tier aus dem Ding herausnehmen, wenn man gar nicht drankommt??? Ja und wie kommen denn nun die Tiere von dem oberen Käfigteil in das große Freigehege darunter? Geschweige denn wieder rauf??? Hatte der Erbauer der „Nagervilla" in der Schule in Biologie ne Sechs???

Hallo, Herr Erfinder, Meerschweinchen und auch Kaninchen KÖNNEN NICHT FLIEGEN!!!

Jetzt musste mir was einfallen. Ist mir auch. Rolf durfte den praktischen Teil übernehmen und das Dach der Villa verändern, indem es nun mit nem Scharnier zusätzlich zu öffnen ist. Dann baute ich noch eine Rampe (mit Sicherungsgeländer, gell!!!), über welche die Nager in den unteren Käfigbereich, einem großen Freilauf, gelangen könn(t)en.

So, nun wollte ich jedenfalls, dass alle drei Tierchens abends wieder oben ins verschließbare Haus tappeln, um dort geschützt in die Nacht zu gehen.

Wie bringt man nun zwei Meerschweine und ein Kaninchen dazu, morgens auf Zuruf, wenn ich die Klappe öffne, nach unten in den Freilauf zu wackeln und spät abends, wenn ich sie wieder oben drin haben möchte, auf „Befehl" auch wieder raufzuhoppeln? Jepp, erst einmal mit Futter. Das kennt Tschilly ja schon, so habe ich ihm damals auch beigebracht sofort zu kommen, wenn ich ihn rufe. Er war leicht hungrig, bekam nur von mir aus der Hand sein Lieblingsfutter und er hatte es ganz schnell verstanden.

Am Tag des Einzugs in die Villa habe ich alle drei Nager erst einmal oben ins Haus gesetzt. Von dort aus sollten sie den Rest erkunden. So habe ich gerufen, ganz feines Nassfutter auf die Rampe gelegt und bereits nach ein paar Sekunden kamen erst Tschilly, kurz darauf auch Blackfoot, nach draußen. Tagsüber verteilt habe ich Kleinigkeiten an Obst gefüttert... immer mit Rufen verbunden. Dann habe ich direkt am Türchen vom Freilauf gefüttert, so dass sie nach kurzer Zeit von selbst dorthin gekommen sind. So kann ich sie, möchte ich sie aus dem Freilauf nehmen, ganz einfach mit den Händen fassen und muss nicht jedes Mal in die Villa krabbeln.

Wenn sie dann selbstständig nach oben gelaufen sind, habe ich die beiden dort zum Türchen Nummer Zwei gerufen, sie bekamen eine kleine Leckerei und so haben sie das innerhalb von nur ein paar Stunden gemeistert. Genau so hatte ich mir das vorgestellt!

Kaninchen Snubba kam nicht. Sie blieb „schmollend" im oberen Käfigteil. Ich habe überlegt. Sie einfach packen und nach untensetzten bringt nix, da sie dann mit größter Wahrscheinlichkeit auch nicht selbstständig wieder nach oben geht.

Wie gesagt, einige Ecken des Freilaufs sind für mich sehr schlecht erreichbar, aber, ich möchte ja nachts alle drin haben. Da Snubbas „Hirnwindungen" nicht so trainiert sind wie die meines Meerebers, war es fast klar, dass es bei ihr länger dauern würde und ich eine weitere List anwenden musste.

So gab es zur Nacht oben in dem Häuschen eben nur Heu, Wasser und Brot. Für alle. Morgens, wenn ich das Türchen aufmachte, habe ich gerufen, die Schweinchen waren ratz-fatz unten und bekamen erstmal Körner verstreut im Käfig, die sie suchen durften (kennen wir das nicht irgendwo her???). Das Knörpseln hat das Karnickel natürlich gehört. Als Zweitfrühstück gab es dann lecker Löwenzahn – den legte ich so auf die Rampe, dass Snubba nur rankäme, wenn sie denn endlich ihren Hintern aus dem Käfigteil bugsieren täte. Sie machte nen langen Hals, aber hat sich nicht getraut.

So ging das echt fast ne ganze Woche. Snubba hat ja Heu und Brot bekommen, anders wäre es ja ganz fies und tierschutzrelevant. Und plötzlich – ich habe es schon gar nicht mehr zu hoffen gewagt – hüpfte Snubba auf die Rampe, fraß ihren ersten Klee – eeendlich wieder was Frisches... und hoppelte nach unten in den Freilauf. Und wieder hoch. Und wieder runter. Und nen Haken geschlagen – sie hat sich richtig gefreut über ihren Mut!!! Oder das Futter!!! Egal. Jedenfalls klasse!!!

Am selben Abend, nachdem alle einige Zeit vor dem Verschließen nichts mehr im Freilauf zu futtern bekommen hatten - hoppelte Hase hinter den Schweinen die Rampe rauf, um dort gemeinsam ihr Nachtmahl einzunehmen.

Und da soll einer sagen, man kann solchen Tieren nichts beibringen... .

Wie gehts jetzt eurem „KLICK"?

Und du kannst echt nicht fliegen? Arme Sau...

Gestern wollte Takeo übrigens mit einem Gartenbewohner spielen. Er hat eine Weinbergschnecke entdeckt, die bei Regen auf dem Weg lief. Zuerst hat er sie angebellt. Dann mit der Pfote geschubst. Dann ins Maul genommen – aber ganz vorsichtig. Das fand die Schnecke aber blöde und hat sich in ihr Haus zurückgezogen. Ich habe sie mit einem „AUS" aus Takeos Maul entfernt, ihm dafür ein Leckerli gegeben und die Schnecke in die Hecke gesetzt. Wahrscheinlich wollte sie eigentlich auf die andere Seite – Pech.

Was ist das? Eine Weinbergschnecke?

Ähä.

Und inner Woche isse vorbei, oder was?

Kann ich dir vielleicht helfen? Nach rechts oder nach links?

Oder doch lieber essen?

Wir haben zusammen viele weitere spannende Sachen erlebt: Ich habe Unkraut gezupft. Takeo wollte helfen, und auch Pflanzen ausreißen. Das habe ich ihm verboten. Die hätte ich nämlich gerne noch länger. Dann fing er an, im ausgerissenen Unkraut-Haufen zu spielen und die einzelnen Pflanzen quer durch den Garten zu verteilen. Habe ich das verboten? Nein, er ist ein Kind und soll spielen dürfen – ich habe danach nur mehr Arbeit, alles wieder zusammenzusuchen. Wir waren glücklich. Kurz drauf hat er im Haus an unserem Vorhang gezogen. Das habe ich ihm verboten – denn ich hätte den Vorhang gerne ohne Loch. Sofort rannte er in mein Büro und kam freudestrahlend mit dem Pfoten-abputz-Handtuch im Maul wieder – habe ich ihm das verboten? Nein, er ist ein Kind und soll spielen dürfen. Wenn da ein Loch drin ist, egal, und wenn er den Dreck von dem Handtuch im ganzen Wohnzimmer verteilt, habe ich nur mehr Arbeit. Sonst nichts.

Das hat jede Mutter mit einem kleineren Kind. Wenn man alles einfach wegpackt, lernt auch ein Kind nicht, dass es Dinge gibt, an die Kind nicht darf. Ich erinnere wieder an das AK. Das wollen wir ja nicht. Und, dann natürlich auch keinen AH. Wir waren glücklich.

Als unsere Tochter Annika noch klein war, spielte sie mit dem Nachbarsjungen in unserem Wendehammer. Es war warm, aber regnete immer wieder zwischendurch. Annika hatte Gummistiefel an und spielte in einer Pfütze. Wir Mütter standen am Rand und haben „Wache gehalten". Dann fing Annika an, mit der Gießkanne das Pfützenwasser direkt in ihre Gummistiefel zu schütten. Zuerst wollte ich was sagen, hatte schon Luft geholt. Da aber hat Annika mich erblickt, hatte ein dickes, fettes Grinsen im Gesicht und ich sah in ihre Augen, die vor Spaß nur so leuchteten. Ich habe sie so weiterspielen lassen, sie hatte soviel Freude dran. Habe stattdessen den Fotoapparat geholt und die Szene festgehalten. Wir waren glücklich.

Das eine ist wichtige zu Grenzen setzen, Frustaushalten üben und für das ganze Leben des Kindes Sicherheit vermitteln. In diesem Fall war es einfach nicht notwendig, ein „NEIN" auszusprechen. Eben mal über Regeln hinwegsehen, spielen lassen, und fürs ganze Leben des Kindes Fröhlichkeit vermitteln.

Donnerstag, 06. Mai, Takeos 19. Tag bei uns.

Die Hunde haben – ich sag jetzt mal in einer Gemeinschaftsaktion – (echt, keiner hat den anderen verraten) einen Bleistift geschreddert. Candy hatte übrigens solche „Anfälle" mit über einem Jahr. Ihre Leibspeise: Kugelschreiber. Dann weitere Artikel aus Plastik. Was das sollte? Keine Ahnung. Irgendwie schien ihr jemand gesteckt zu haben, dass sie als Welpe ja überhaupt nichts angestellt hatte und das nun unbedingt nachholen müsse. Hm, sicherheitshalber ließ ich dann einige Zeit keine Kugelschreiber mehr in Hundehöhe liegen – wo ich doch so ein schlechter Aufräumer bin. Die Plastik-Phase hielt glücklicherweise nicht lange an. Sie war so schnell wieder vorbei, wie sie gekommen war. Warum??? Keine Ahnung. Echt.
Gestern war es in meiner Abwesenheit mal schnell ein Stück Fußbodenleiste. Wer das bloß wieder angezettelt hat? Ich werde es nie erfahren. Ich war nicht glücklich. Aber, wo gehobelt wird, fallen eben auch Späne.

Tja, auch der weitere Vormittag war irgendwie gar nicht so, wie sonst. Takeo hat zweimal kurz hintereinander einen „Hektik-Schiss" und zwei kleine Pfützen gemacht. Im Esszimmer. Beide Male an fast gleicher Stelle, beide Male, als ich gerade nicht im

Raum war. Beide Male habe ich es kommentarlos entfernt. Gott sei Dank haben wir wenigstens keinen Teppich. Dann habe ich kurz über die Begebenheit gegrübelt. Ich kam zu keinem eindeutigen Ergebnis. Unsere Ex-Hündin Alessi ging übrigens heute wieder nach Hause. Ob sie etwas mit dem „Schiss" zu tun hatte? Keine Ahnung. Echt. Habe dann einfach diese Schublade zugemacht, nicht weiter sinniert, lieber nach vorne geguckt.

Heute war Takeo wieder der Alte. Prima. Als ich diese Zeilen hier niederschrieb, hörte ich hinter mir ein Hüpf-Geräusch. Gnädiger Herr lag doch plötzlich auf dem Sofa! Natürlich habe ich Takeo sofort von dort verbannt. Hat mich schon etwas Überwindung gekostet, gebe ich ja zu. Hat er mich doch voll Stolz vom Sofa aus angeblickt „darf ich doch, ne!?" NEIN. Bei uns darf man nur nach Ansage als Hund aufs Sofa – basta. Außer eben heimlich nachts *hüstel*: Wenn mal einer unserer Hunde – verbotener Weise – nachts aufs Sofa hüpft, dann liegen sie immer nur auf Rolfs Seite, nie auf meiner. Das können wir seit unserem neuen Sofa anhand des Stoffes eindeutig erkennen, da man nach dem Glattstreichen jeden Pfotenabdruck sieht. Übrigens habe ich noch nie einen unserer Hunde dabei erwischt – Rolf und Annika schon. Denke mal, ich bin klarer als die Restmenschen bei uns zu Hause – und sie möchten keinen Zoff mit mir. Ich habe aber schon mal einen hopsen hören, als ich die Treppe runter kam.

Morgen ist Freitag, da kommt nun endlich „Shinaiko-Syndrom-Frauchen" mit ihrem Kawaii vorbei. Bin schon ganz arg gespannt.

Postwendend kam am gleichen Tag kurz nach 20 Uhr folgende Nachricht, das erste Mal von Takeos Herrchen(!) geschrieben:

>*Guten Abend Simone,*

>*vielen Dank für den 6ten Teil des Tagebuchs - du kannst getrost davon*
>*ausgehen, dass wir beide alle Teile davon gelesen haben. Ich weiß nicht,*
>*woher du diese Unterstellung nimmst, widerspreche ihr aber vehement!!*
>*Meine Frau hatte in ihren letzten Mails immer wieder bezugnehmend auf deine*
>*Schilderungen Fragen zur praktischen Umsetzung gestellt, da dies ganz klar*
>*der Kernpunkt ist. Die Beantwortung von rhetorischen Fragen bringt uns*
>*dabei nicht weiter .*
>*Im letzten Teil des Tagebuchs ist dir der Praxistransfer gut gelungen, da*
>*waren Aktionen sowie Ziel und Zweck klar erkennbar und gut erläutert.*
>*Wir sind diesbezüglich auch schon intensiv mit Hundetrainer Collin im*
>*Austausch und werden mit ihm und Paul zusammen an der Praxis weiter*
>*arbeiten - gleich Anfang nächster Woche beginnend.*

>*Wir sehen uns dann am Sonntag um 11 Uhr an gleicher Stelle wie beim letzten*
>*Mal.*
>*Bis dahin alles Gute*
>*Takeo-Herrchen*

Ich war geplättet. Ziemlich sogar. Bis hierhin hatten sie wirklich nur gewartet, dass Takeo wiederkommt. Und legten alles in die eine Einzelstunde mit dem Hundetrainer. Aber hier zeigt sich endlich, dass sie wach werden – und sich die Vermutung bei ihnen einschleicht, eventuell doch was falsch gemacht zu haben... .Bin gespannt. Sehr gespannt. Glaube fast, wir sind auf dem richtigen Weg zum „Klick". Ja, stimmt, gerade zicken wir Menschen uns etwas an. Aber, für beide Seiten ist der Ausgang ja noch nicht klar, und das wühlt auf. Geantwortet habe ich nicht mehr, stand ja dabei „bis dahin".

5. Kapitel – Kawaii ist da

Nun zum Freitag, 07. Mai, Takeos 20. Tag bei uns.

Die zweite „Tagebuch-Anwärterin" parkte vor unserem Haus. Ich ging schon mal bis zu unserem Tor, unsere Hunde nebst Takeo ließ ich im Haus. Sooooo ein hübscher, puscheliger, kleiner Kerl. Ganz arg niedlich. Kawaii eben. „Kawaii = „niedlich" . Und ein sehr nettes Frauchen.

Kawaii war an der Leine, als er mit Frauchen auf unser Grundstück zulief. Er wurde unsicher, ist stehengeblieben. Frauchen auch. Aha, dachte ich. „Lauf bitte einfach weiter zu mir" sagte ich zu Frauchen. Sie machte, es gab nur einen klitzekleinen Rucker an der Leine, und schon lief Kawaii aufmerksam mit. Eigentlich war schon nach ein paar Sekunden für mich klar, dass er noch einfacher im Wesen ist als Takeo.

Wir begrüßten uns. „Hai, ich bin Simone". „Hai, ich bin Kawaii-Frauchen".

Ich bat, Kawaii die Leine abzunehmen. Sofortige Unsicherheit im Gesicht vom Frauchen. Da wir aber ja eingezäunt sind, konnte gar nichts passieren - außer, dass er vielleicht bei Ruf nicht herkommt. Kawaii schnüffelte erst einmal alle Ecken ab. Bei unbekannten Geräuschen (eine echt laut rumpelnde Mülltonne habe ich gemeiner Weise über unser Kopfsteinpflaster gezogen) hat er sich kurz verzogen, kam aber sofort wieder, um genau zu gucken, was denn da so einen Radau macht. Nach dreimaligem Mülltonne-Schieben hat er für sich „nen Haken" dran gemacht. Super.

Kawaii ist zu Besuch. Sein Frauchen hat das „Shinaiko-Syndrom".

Nacheinander habe ich dann meine Hunde zu ihm in den Garten gelassen. Reihenfolge habe ich jetzt schon wieder vergessen. Auch nicht wichtig, aber für Kawaii war es natürlich viel leichter, jeden erst einzeln zu begrüßen. War alles wie immer, wenn ein fremder Hund in unseren Garten kommt.

Erst ganz am Schluss habe ich Takeo dazugeholt (der übrigens ganz artig ohne einen Mucks drinnen gewartet hatte)! Sie haben sich abgeschnuffelt, versucht, den anderen einzuschätzen – und bin mir sicher, dass sie sich als „eine Rasse" erkannten.

Wir haben sie etwas toben und spielen lassen, was auch mit „Spielbellen" begleitet war. Nach 10 Minuten sind wir ins Haus gegangen. Das heißt, meine Hunde, Takeo und ich. Kawaii-Frauchen stand draußen, hatte ihn ja nicht mehr an der Leine. „Der kommt jetzt nicht einfach mit" sagte sie. Ich bat sie, ohne zögern reinzukommen, ohne nach ihm zu gucken. Sie tat wie ihr geheißen, und Kawaii lief an ihrer Seite wie selbstverständlich mit ins Haus. Da standen dem Frauchen schon einige Fragezeichen überm Kopf.

Ich packte die mitgebrachte Blume aus, wir tranken Kaffee und aßen den mitgebrachten Kuchen. Danke, danke.

Wir redeten viel, Kawaii-Frauchen hatte das Tagebuch ausgedruckt dabei. Die Fragen daraus größtenteils super beantwortet, den Rest haben wir gemeinsam mit verschiedenen Beispielen „erarbeitet". Sie hat schnell verstanden. Alle sechs anwesenden Hunde hatten sich zwischenzeitlich zur Ruhe begeben. Takeo und Kawaii lagen nebeneinander bei uns unter dem Tisch und schliefen tief. Schön.

Loooos, wir spielen „Wilde Kerle"!!!

Danach gingen wir noch mal in den Garten. Zuerst nur mit Kawaii. Frauchen wollte mir zeigen, wo für sie die Schwierigkeit liegt, nicht unterscheiden zu können, wann es noch Spiel ist und wann Kawaii sich zurücknehmen müsste. Kawaii hat aber „leider" wunderbar mit ihr gespielt, es gab keinerlei Anzeichen, dass er zu forsch wird. Frauchen war danach in der Hocke, Kawaii saß vor ihr und knabberte vorsichtig an ihren Fingern. „Das meine ich zum Beispiel, das darf er doch nicht, oder? Das habe ich gelesen. Ein Welpe darf dem Menschen nicht in die Finger zwicken".

Au weiah. Aber es gibt doch einen Unterschied zwischen „Zwicken" und „Zwicken". Welpen erforschen alles mit dem Mäulchen. Und da wachsen irgendwann auch Zähne, und die ersten sind eben spitz. Da kann es passieren, dass er aus Versehen mal etwas „zusticht". Auch, wenn man mit der Zerrkordel spielt, dass er dabei knurrt und auch mal im Eifer des Gefechtes statt dem Kordelende ein Stück Finger erwischt. Klar tut das weh. Ist aber nicht gewollt und keinesfalls ernsthaft angreifend! Für manch andere ist das alles klar und selbstverständlich – aber manchmal gibt es eben auch Hundebesitzer, die diese „Auslegungsgabe" einfach noch nicht besitzen. Deswegen werden Sie ja jetzt hier mit dem „Klick" geholfen.

Sollte sich die Situation dann hochschaukeln, merken andere: Jetzt muss ich abbrechen, da er sich gerade reinsteigert...und dann aber wirklich abbrechen. Schlagartig, blitzschnell, entweder mit Worten blaffen, schnell aufstehen und sofort gehen, kurz unterm Kinn festhalten, oder auch nur mit nem heftigen „Au" – je nach Wesen des Welpen. Das geht aber eben alles nicht theoretisch und ich kann nicht jedes Mal wieder nachlesen – „was muss ich in dieser Lage jetzt tun?" Sondern es sollte einem der gesunde Menschenverstand sagen, was ist noch okay und was nicht. Ist aber manchmal nicht so, weil die Reife fehlt. Oder die Erfahrung. Oder die Erziehungshilfe. Oder der Spürsinn. Oder alles zusammen.

Wo bleibt der „Klick?"

Dieser Abbruch reicht nur wenige Augenblicke – dann wieder neu probieren, ob er nun etwas friedlicher spielt. Bitte ihn jetzt nicht den ganzen Tag verstossen, weil man gefrustet ist. Öhm, haben wir wohl nicht von unseren Eltern beigebracht bekommen, dass man Ärger auch mal ertragen muss? Ohne sich zu "rächen". Stundenlanges völliges Übersehen ist eine furchtbare Strafe. Der junge Hund wird unsicher und – wenn er der einzige Hund im Haushalt ist – auch unausgeglichen, da er Ansprache und Spielen zum Lernen-und-Leben-Begreifen braucht.

Eine erfahrene Hundemama bestraft schnell, kurz und laut, danach ist aber sofort alles wieder gut. Das sollten übrigens auch wir Menschen untereinander, vor allen Dingen bezogen auf unsere Kinder, wieder übernehmen! Probieren Sie es mal aus, ist gar nicht so schwer und das Ergebnis ist erstaunlich.

Da ich „erfahrene Hundemama" geschrieben habe: Auch bei einer Hundemama, die ihren ersten Wurf hat, kann es durchaus sein, dass ihre Pflege und Erziehung noch nicht richtig funzt. Roxy war zum Beispiel bei ihrem ersten Wurf auch noch – ja, würde echt sagen – zu nachlässig – mit dem Grenzensetzen. Sie hat sich da noch viel mehr gefallenlassen. Beim zweiten Wurf wurde das anders. Wunderbar ist da das Beobachten, wenn man als Züchter mehrere Hunde hält. Bei uns ist es so, dass die erfahrenen Mamis den Erstgebärenden von Anfang an helfen. Das geht vom Saubermachen der Kleinen des ersten Wurfes von Alisha bis dahin, dass die erfahrene Mutter Lolli Milch bekam und die Kleinen mitsäugte. Beim nächsten Wurf dieser Hündin wurde ihr das allerdings untersagt, was sie erst nach einer heftigen Zurechtweisung von Alisha verstanden hat. Nach einigen Wochen jedoch durfte Lolli bei Alishas Erziehung wieder mitmischen.

Dann gibt es eben noch das „Keine-Beachtung-schenken" (also noch nicht einmal hinsehen!), wenn der Welpe quengelnd, obwohl er vorher am Klo war und Zuwendung hatte, aus seinem Laufstall möchte.... genau um den „Klick" geht es. Welche Situation ist nun fürs Nicht-auf-den-Hund-eingehen geschaffen und welche nicht? Ohne viel drüber nachdenken zu müssen, da wertvolle Zeit für das Timing verstreicht und es vom zu Erziehenden falsch aufgefasst wird.

Sicher darf er nicht in Hosenbeine zwicken, gar dran zerren und schütteln – und eben sich nicht wild keifend auf Hände stürzen. Das schreit nach Grenzen und Regeln, jeder andere Hund, mit dem er so spielen würde, hätte ihm sofort und sehr eindringlich gesagt und gezeigt „so geht es nicht, Kleiner". Das tut auch eine Hundemutter. Ganz schnell, scharf. Und ist dann sofort wieder freundlich.

Das darf nicht verwechselt werden mit „Balgen", bei dem sich die spielenden Hunde gegenseitig „totschütteln", auf dem anderen rumspringen, auch knurren und Zähne zeigen – aber eben mit eingehaltenen Regeln. Auch Spielknurren kann für ungeübte Ohren und Augen furchtbar kampfesfreudig klingen – ist aber nur ein „spielend-das-Leben-lernen". Beobachten Sie ihren Hund und Sie werden herausfinden, wann er es wirklich ernst meint.

Es ist wichtig, dass ein Hund sicher - nu ja, ich bin auch mit „ziemlich sicher jedenfalls" einverstanden - abrufbar ist. Das geht mit so einem kleinen Wurm nicht, wenn er draußen abgelenkt ist von der großen weiten Welt. Nein, begonnen werden muss zu Hause, in den eigenen vier Wänden. Ohne Ablenkung. Dann im Garten. Weiter auf einer Wiese ohne Ablenkung (die Städter wissen, wie ich das bei ihnen meine). Danach mit Ablenkung. Klappt das noch nicht, geht man nen Schritt zurück. Das hängt eben vom Wesen des Hundes und von der Einstellung des Menschen ab. Wie wir ja wissen, habe ich mit meinem Hundehaufen zusammen genau zwei Umstände, bei denen es beim Abrufen meines Glücks-Kleeblattes kein „ziemlich sicher jedenfalls" mehr gibt *räusper*. Nachher erzähle ich darüber mehr *schäm*. Aber wir arbeiten dran. Versprochen. Immer wieder Mal...

Mäuschen

Lasse

Anuk

Ein Beispiel: Zuerst sitze ich mit einem Welpen im Wohnzimmer am Boden. Ich nehme ein Leckerli zwischen die Lippen, lass den Welpen das beobachten. (Wer sich hier traut, Nassfutter zu nehmen, hätte ich gerne ein Foto davon *würg*.) Er darf mir das Leckerli - das kann auch ein kleines Stück Wurst sein, (wenn Sie sich denn sicher sind, dass der Hund Ihre Lippen dranlässt) - nun abnehmen. Ich unterstütze das noch mit „SCHAU MAL". Doch, das geht, auch wenn man den Brocken zwischen den Zähnen hat.

PEPPER ist mein NAME

guckt mir dadurch ins Gesicht, später dann auch genau in die Augen (wie beim Futternapf). Am nächsten Tag rufe ich im Garten zwei- dreimal seinen Namen in Verbindung mit „SCHAU MAL" und bin in der Hocke. Natürlich nicht, wenn er gerade nen Kilometer von mir weg ist und den Ameisenhaufen bestaunt (ja, ich weiß, dass unser Garten nicht so groß ist. Wer mich kennt weiß, dass ich eine Freundin von Übertreibungen bin), sondern, wenn er leicht gelangweilt in der Nähe ist und meine Handlung ihn neugierig macht. Und wie schnell der dann da ist. Am nächsten Tag auf einem Spaziergang. Ohne Ablenkung, versteht sich. Ablenkung ist da, wie wir ja

wissen, ein weit entfernter Radfahrer oder ein Traktor oder blökende Schafe...
Städter? Könnt ihr das schon selbst beantworten *zwinker*? Und auch nicht, wenn er
gerade an einem interessanten Grashalm schnuffelt.

Genau dann, wenn er in meine Richtung schaut. Jetzt. Ich gehe einfach in die Hocke.
Das Leckerli habe ich schon im Mund. Zack ist er da, holt sich seine Belohnung und
ich muss noch nicht mal was sagen.

Der Sinn für später? Meine Hunde gucken sich (wo auch immer) in Abständen zu mir
um. Gehe ich in die Hocke und breite die Arme aus, kommen sie angerannt, als ginge
es um ihr Leben. Manchmal gibt es was Feines. Nicht mehr aus dem Mund, sondern
aus der Tasche (danach!). Manchmal lob ich nur kurz und schicke sie wieder los.
Oder wir machen einen kleinen Spurt zusammen. Und, wenn ich sie herrufe, haben
sie ein wohliges Gefühl. Das Gefühl bleibt, die Leckerli werden weniger. Hören aber
nie ganz auf. Ich schaffe es nun mal nicht, dass meine Hunde alles nur für MICH tun.

Bevor ich mich da ewig abquäle, oder die meisten Anfänger damit sowieso riesige Schwierigkeiten haben – wenn es mir mit Hilfe von Futter leichter fällt, warum nicht? Wir freuen uns doch auch über eine Belohnung – egal, ob es ein Kuss, eine Umarmung, nur mündliches Lob, was Feines zu Essen oder gar ein paar Euronen für geleistete Arbeit sind.

Ein Kleinkind bekommt einen Lutscher, wenn es was gut gemacht hat. Später gibt es ein Zubrot zum Taschengeld, wenn es ausnahmsweise mal ne richtig gute Note nach Hause bringt (an alle Einser-Kinder-Eltern: Nehmt das nicht immer als gegeben hin – denkt euch ab und an was Schönes für das „Wunderkind" aus.)

Da Hunde nun mal kein Geld verdienen, ist Futter eine willkommene Belohnung nach erfolgreich getaner Arbeit. Sicher, der Hund soll gute Dinge FÜR MICH tun und nicht für das Futter. Das ist schon richtig. Aber diese Erkenntnis hilft keinem Hundebesitzer, wenn er sie nicht umsetzen kann!!!

Daher verwenden wir hier kleine Futterbröckchen – erst sieht der Hund das Leckerli vor der Übung bzw. wird die Übung damit erlernt. Kann der Hund sicher den Befehl, wird nur ab und an noch ein Leckerli gegeben, und dies wird auch erst NACH der richtigen Ausführung der Anweisung aus der Tasche gekramt! Nicht bestechen, das ist ganz wichtig!!!, deswegen wiederhole ich es auch immer wieder, bis es „klickt".

Das Futter oder Spielzeug sollte für den Hund also wie der Lutscher, das Geld oder auch eine schöne Unternehmung sein. Er muss Lust verspüren, für dieses Futter sich etwas anzustrengen, sich etwas Mühe geben zu wollen. Und das geht nicht, wenn ein ständig gefüllter Freßnapf da steht, oder er „nebenbei" mit Leberwurstbroten oder Käsekuchen vollgestopft wird. Aber, stellen Sie sich vor, selbst das wäre - in Maßen - nicht verboten!!

Ein glücklicher kleiner „Krähentaler"

Annika und ich haben auch unserer Katze so ähnlich beigebracht, sofort zu kommen, wenn wir ihren Namen rufen. Wir saßen in einiger Entfernung auseinander auf dem Wohnzimmer-Boden. Erst habe ich Shishas Namen gerufen und etwas vor mir rumgefuchtelt, damit sie einen Anreiz hatte, zu kommen. Dann roch sie den kleinen Brocken Nassfutter, den sie von einem Löffelchen bekam. Hatte sie es verputzt, hat Annika mit ihrem Löffelchen nach Shisha gerufen. Innerhalb von wenigen Wiederholungen und höchstens drei Minuten waren wir damit „durch". Sie kommt jetzt (fast) immer, wenn wir sie rufen. Ja, zugegeben, ein Spiel mit einem Blatt kann sie noch so ablenken, dass es nicht klappt. Macht sie aber trotzdem schon super, wie wir finden. Und, manchmal bekommt sie noch was fürs Herkommen. Sie hat aber nicht, wie sonst bei Katzen üblich, ständig Futter zur Verfügung. Es läuft irgendwie immer aufs Gleiche raus...

Zwischenzeitlich bringt uns Shisha kleine Stanniolkügelchen, die wir extra dafür formen (welch ein Aufwand, und wieviele Ferrero-Küßchen wir deshalb essen müssen, ganz schrecklich). Shisha gibt uns die Kügelchen bis in die Hand, damit wir werfen und sie hinterherfegen kann. Dies hat schon unser erster Kater Merlin bestens beherrscht (dessen Buch übrigens noch ungedruckt im Schrank liegt) .

Katzenbaby Shisha hat die Hunde fest im Griff

Sie brauchen später nicht tatenlos - oder auch brüllend – (beides gleich schlimm) mit anzusehen, dass alle gucken, nur Ihr Hund nicht. Und dieser sich gerade selbstständig macht und bei Patschwetter auf dem Weg ist, jemanden anzuspringen oder gar versucht, einen Fahrrad-Fahrer zu stellen. Er kennt die Spielregeln genau, da er sie ja zu Hause gelernt hat. Mit Grenzen die ihm gezeigt haben, was ein „NEIN" bedeutet, sei es durch gewisse Verbote im Haus, die noch anderen positive Nebeneffekte haben und einem „Nachfragen", wenn er Ihnen in die Augen blickt.

Manches wird nie 1000prozentig funzen. Ist so. Meine fragen nicht mehr, wenn ein Hase direkt vor ihnen aufspringt. Wenn ich Glück habe und ganz schnell bin, und die Hundis in meiner unmittelbaren Nähe sind, KANN es klappen, sie durch ein „NEIN" aufzuhalten. Ansonsten sind sie nur schneller wieder da. Hier noch kurz erwähnen möchte ich, dass Hunde, die „nur" direkt vor ihnen aufspringendes Wild verfolgen, ein Segen sind. Wer schon mal gesehen hat, wie richtig jagende Hunde direkt von einer Spur aus losfetzen oder bereits meilenweit entfernte, sich bewegende Punkte ausmachen und zack wech sind, wird mir zustimmen. Hinzu kommt, dass ich meist mehrere Hunde beim Spaziergang dabei habe. Und die verständigen sich leider immer wieder mal sowas von fix untereinander, dass Mensch (in diesem Falle ICH!) nix dagegenhalten kann.

Kawaii-Frauchen war drei Stunden da, eine gefühlte äußerst kurzweilige Zeit mit den Beiden. Sobald Kawaii verstanden hat, dass sein Frauchen nun „hündisch" kann, werden beide „einfach" nur noch durch seine Pubertätswellen müssen und das gemeinsame Leben wird mehr aus fröhlichen Stunden, als aus Frust bestehen. Und das funzt auch ohne Auszeit, aber eben mit „Tag X" beginnend. Wenn sich Kawaii-Frauchen zeitgleich noch eine gute Hundeschule sucht, wird der Erfolg sich noch eher zeigen. Denn, dann bleibt man dran, am „Nachdrücklichen".

6. Kapitel – Der Abschied und weitere Hilfen zum „Klick!?!"

Wir haben nur noch diesen einen Tag zusammen. Unsere vier Wauzis, Rolf, Annika und Takeo. Wir haben den Tag genossen. Takeo ist nicht mehr der kleine „Schelm" von vor 21 Tagen. Er ist erfahrener geworden, nicht mehr so ungestüm. Auch das wird ihm nun bei seinem weiteren Weg mit seiner Familie helfen. Damals, bei Shinaiko, war es auch so. Die Pause hat allen gut getan. Das Hirn ist gereift. Auf beiden Seiten. Sozusagen „angeklickt". Durch den Abstand war hier eindeutig der Neuanfang leichter. Ich muss unbedingt mit Collin telefonieren – weiß ich doch nicht, wie sich ab

> Er ist so ein nettes Kerlchen. Ich würde ihn ja gerne behalten. Wuff.

morgen alles entwickelt. Hoffe nur.

Also rief ich Collin an und erzählte ihm von all den vergangenen Tagen und E-Mails. Die erste Unterrichtsstunde bei seinem Partner Paul haben Takeo-Leute gebucht, sagte er mir. Wunderte sich immer noch etwas über meinen Einsatz, das habe er noch nicht so erlebt. Er fände es aber gut. Und versprach mir, sich zu melden, sollte die Familie richtige Schwierigkeiten haben oder nicht mehr zu den Gruppenstunden kommen.

So du Zwerg – der Abschied naht...

...vergiss die weisen Worte einer Oma nicht, hörst du? Machs gut.

Ja mein Sohn, halt die Ohren steif, lass dich noch mal drücken.

So soll auch der ein oder andere Tipp deiner älteren Schwester mit dir gehen.

Machs gut Kleiner, werde dich auch vermissen.

Unsere letzte gemeinsame Nacht

Was habt ihr denn alle? Freu mich auf die Zukunft!

Montag, 10. Mai, Takeo ist 1. Tag nicht mehr da.

So schön, dass sich „Shinaiko-Syndrom-die-Zweite" zur Ablenkung gemeldet hat:

E-Mail von **Kawaii**-Frauchen:

>Hallo Simone,

>ich wollt mich erst noch mal bei dir bedanken für deine Zeit, die du dir extra für mich
>und Kawaii genommen hast!! War sehr schön bei dir und du hast mir noch einmal
>sehr viele Tipps und Anregungen mitgegeben, die ich gerne umsetzen möchte
>und hoffentlich gelingts mir auch noch .

>Hab am Samstag schon wieder so eine komische Situation gehabt und mit deinem
>tiefen "GGGRRRR" und schnell an die Seite packen probiert - leider hat er mich
>durchschaut- er hat weiter gemacht Das muss ich eben noch ein paar mal so
>richtig "böse" machen – bin wahrscheinlich noch nicht sehr überzeugend- (der lacht
 >sich wahrscheinlich innerlich schon voll eins ab und findets amüsant?) Auf jeden
>Fall kann ich mir das sehr gut vorstellen!

>Kawaii war übrigens am Freitag Abend so platt- der hat es sich gleich auf seinem
>Platz gemütlich gemacht und ist eingeschlafen - wie süß- (wenns denn immer so
>schon ruhig wäre - hihi) aber wenn er mal seine fünf Minuten hat (gefühlte zwei
>Stunden) dann ist das auch manchmal zum schießen!

>Ich wünsch dir eine schöne Woche und bis bald ja , ich meld mich wieder -wie
>war denn die Abgabe von Takeo? Schlimm???

>Lieben Gruß von Frauchen mit Kawaii

>PS: Noch mal ganz herzlichen Dank!!!!!!!!!

Meine E-Mail-Antwort an **Kawaii**-Frauchen am gleichen Tag:

>Juhuuu Fräulein Kawaii,

>bitte bitte, freu mich doch, wenn es euch beiden zusammen ganz einfach besser
>geht. Mit deinem "neuen Verständnis" wird Kawaii bestimmt bald verstehen, dass
>es endlich Regeln gibt, die er einhalten muss - und dann wird alles um ein
>Vielfaches einfacher sein. Nur nicht vergessen, dass er noch durch einige
>Pubertätswellen muss, es wird noch einige Zeit ein Auf und Ab geben.

>Tja, was soll ich sagen. Takeo hat sich gestern bei der Übergabe sehr gefreut,
>seine Leute wiederzusehen. Das war schon mal beruhigend für mich. Jeder
>Auseinandersetzung mir gegenüber sind sie aus dem Weg gegangen. Takeo
>durfte auch gleich wieder wie wild an der Leine ziehen - ich bin doch noch
>zweifelnd. Aber okay, das richtig zu machen, ging in dieser Lage wahrscheinlich
>nicht. Am Dienstag haben sie eine Trainingsstunde einzeln in der Hundeschule
>dort, sagten sie mir. In vier Wochen weiß ich hoffentlich mehr, hätte es so gerne,
>dass es für Takeo einfach in Ordnung wird. Habe noch leicht Bauchweh – werde
>die Tage mal mit dem Trainer smsen.

>Grüßla und viel Glück euch beiden, sehen uns bestimmt mal wieder.

>Simone

Mittlerweile ist Ende Mai.

Wir sind von unserer kleinen Rundreise mit den Hunden, die ich am Anfang im Buch erwähnte, wieder zu Hause. Zuerst waren wir bei unserem Zuchtleiter und Frau, für uns Franken „im hohen Norden". Mindestens einmal im Jahr besuchen wir die Familie. Wir wurden wieder herzlich empfangen, haben uns wie immer das große Gelände und natürlich all die Hunde angesehen. Mit viel Plauderei – über Hunde – endete dieser Tag. Nach einer gemütlichen Nacht im Wohnwagen der Hausherren und einem Frühstücks-Plausch fuhren wir noch ein Stück weiter. Candy benötigte für die Zuchtbeurteilung noch das Hüftröntgen und weitere Befunde. Dies haben wir gleich beim Gutachter des Vereines erstellen lassen, alles in bester Ordnung. Auch die Augenuntersuchung ist ohne Befund verlaufen, die Wesens- und Standardprüfung hatte sie vor einiger Zeit bereits bestanden. Hurra, hurra, wie schön. Puh, das ist immer eine sehr beklemmende Situation. Denn, man kann leider als Züchter nicht Hunde „sammeln", sondern muss irgndwann nicht geeignete Tiere schweren Herzens abgeben – oder mit der Zucht aufhören. Aber das sind Dinge, die ich erst nach vielen Züchterjahren konnte, immer wieder ringe ich mit mir, wenn eine Abgabe ansteht - das dürfen Sie mir glauben.

Dann werden also irgendwann wieder kleine Welpen bei uns herumwuseln. Und können uns zusammen mit der Zuchtleitung auf die Suche nach dem richtigen Deckrüden begeben. Der Candy natürlich gefallen muss. Hurra, hurra, wie schön.

Weiter ging die Fahrt zum Vereins-Treffen nach Brandenburg. Auch hier hatten wir herrliche Tage, viel gefachsimpelt mit weiteren Züchtern, interessante Seminare besucht und zum Tagesausklang einfach noch nett geplaudert. Unsere Unterkunft war klasse, eine Blockhütte mitten im Wald mit jeglichem Komfort – hat uns allen prima gefallen.

Unser Ferienhaus in Brandenburg

Gestern habe ich mit Takeos Hundetrainer Paul gesprochen, da sich seine Familie immer noch nicht bei mir gemeldet hat. Er erzählte mir, dass er eine Einzelstunde bei ihnen zu Hause abgehalten hat.

Sie haben sich über ein paar „häusliche" Dinge unterhalten. Dann sagte er ihnen, dass sie den „ganzen Rest" in den Gruppenstunden lernen würden. Takeo war entspannt. Paul meinte, dass er im Großen und Ganzen ihnen Ähnliches erzählt hat, und noch weiter tun wird, wie auch ich es im Online-Tagebuch gemacht habe. Nur, dass Takeo eben jetzt wieder eifrig neben seinen Besitzern steht, und nicht hier bei mir zu Hause ist. Paul fand, sie waren am Anfang noch leicht betroffen, hörten sie doch eigentlich das vorher Gelesene noch mal von ihm. Die letzten Zweifel fielen, sie hatten verstanden. Paul meinte, dass man es in ihren Köpfen richtig hat arbeiten hören. „Klick, Klick". Er ist sehr zuversichtlich, dass es mit den dreien klappt. Schön. Sehr schön.

Wie bringt man nun das eigentliche „SITZ", das PLATZEN", bei „FUSS" gehen bei? Dass er brav auf einen wartet, er viele weitere Kommandos in seinen Kopf bekommt, wie fasst man genau eine eine bestimmte Schwierigkeit an – die sich schon so verfestigt hat, dass man das Gefühl hat, alleine nicht mehr rauszukommen?

Früher hat ja auch alles ohne Hundeschule gefunzt!? Ja, das war aber auch eine andere „Hundezeit" - und eben früher. In der heutigen Zeit ist es wichtig, wenn man ihn denn – als Familienmitglied – mitnehmen möchte, am „anständigen Hund" dranzubleiben. Alles ist enger, jeder möchte sein Recht. Rücksicht und die Fähigkeit, den goldenen Mittelweg zu finden, sind unheimlich wichtig. Der Hund hat einen ganz anderen Stellenwert als früher. Da war er Haus- und Hofwächter. Oder Jagdbegleiter. Oder Hütehund. Oder Helfer in anderen Bereichen. Wesentlich weniger Menschen

„Enkelhund" Jumi der Hundeschule Fürth mit Ghandi, Lucky und Linda

hatten Hunde – und vor allen Dingen, wurden diese nicht ständig und überall mitgenommen!!!

Aber gerade das wollen wir - eben der „gemeine Hundehalter der Jetztzeit" nicht mehr missen. Heute ist der „deutschsprachige Hund" Familienmitglied, sehr gerne ständiger Begleiter auf Spaziergängen, ins Restaurant, zu Freunden, in den Urlaub, in Vergnügungsparks und so weiter - ja, ich habe sogar zur Freude meiner Osteopathin mindestens einen meiner Hunde bei meinem Termin mit. Trotz allem, oder gerade deswegen, ist es auch wichtig, dem Hund mal Eigenständigkeit zuzugestehen...und mal Dinge erlauben, die eigentlich verboten sind. Ich denke da immer an eine Schokocreme-Marke, die es schon in meiner Kindheit gab. Ich wollte EINMAL mit einem Löffel in das Glas tauchen und die Creme OHNE Brot EINMAL nur „nackt" genießen. Durfte ich nicht. Ob es daher kommt, dass meine Restfamilie heute noch dieses Glas immer vor mir verstecken muss, weil ich, wenn ich es in die Finger bekomme, - selbstverständlich nur mit dem Löffel - soviel esse, bis mir schlecht wird?

Auch haben Hunde früher nie so viele weitere fremde Hunde anderer Größen und jeglichen Alters und verschiedensten Wesenszügen getroffen und mussten „anständig" mit diesen umgehen. Sie kannten höchstens ihre Gruppe, wenn sie denn zu mehreren lebten, Eindringlinge wurden, wenn irgend ging, vertrieben.

Aber Ihr Hund soll auch noch ohne sich zu mucksen, ganz allein ohne Sie ausharren können. Möglichst, ohne die ganze Nachbarschaft wissenzulassen, dass der arme Kerl schon ganz sicher Jahrzehnte auf seine Leute wartet. Er schläft mit im Bett – ja, warum nicht? Wenn Sie das okay finden? Für uns ist es nicht okay, das dürfen manchmal nur gaaanz kleine Welpen. Und hochträchtige Hundemamis. Aber jeder kann selbst entscheiden, wie er Nähe fördern möchte. Aus all diesen Gründen ist es heutzutage wichtig, in einer „gut geführten" Hundeschule zusammen mit den vierbeinigen Gefährten zu lernen.

Es hilft einem WIRKLICH dann der eigene Ehrgeiz, bis zum nächsten Hundeschulen-Besuch das eben Erlernte zu Hause (genau, zu Hause!) zu üben, damit man Erfolg vorweisen kann. Das bringt unheimlich viel für den „Klick". Und das größte Zauberwort – die Konsequenz – eben konsequent durchzuhalten. Das bedeutet Entschlossenheit, Beharrlichkeit, Ausdauer, Unbeirrbarkeit, Unermüdlichkeit, Bestimmtheit, Deutlichkeit, Ausdrücklichkeit, Zuverlässigkeit, Zähigkeit, Durchhaltevermögen, Unnachgiebigkeit, Hartnäckigkeit, Nachdruck, Willensstärke... denken Sie dran, all diese Eigenschaften wird sich der Hund ganz schnell aneignen – und seine Ziele durchsetzen. Knallhart. Wenn Sie es nicht tun!

Wir sind von unermüdlicher Ausdauer.

Ich bin entschlossen! So kriegt Hund Mensch immer!

Wir sind zäh und unbeirrbar!

Auch hier sehe ich wieder unsere „Menschenkinder" – es gibt kaum einen Unterschied. Auch sie werden „knallhart", wenn es denn die Eltern zulassen. Und trotzdem lieben wir sie. Und sie uns auch – eine sichere Führung wissen sie wohl zu schätzen.

Sie brauchen den „Klick" dazu – um verinnerlichen zu können, wann ist dieser Nachdruck wichtig und wann kann ich die „Leine lockerlassen". Denken Sie ruhig wieder an AK und AH!

Unsere Feli-Candy vom Hohen Licht mit ihrer Freundin Hexe von der Hexenbrücke

Wieder zurück zum Hund und der Hundeschule: Das alles erfordert eine vielseitige Erziehung, wenn Sie schneller sein wollen als Ihr Hund. Sich da fachkundige Hilfe und Unterstützung zu holen, ist bestimmt nicht verkehrt. Nicht zu vergessen, dass man neue Freundschaften finden kann, weitere Familien, die auf einen gut erzogenen Hund wert legen, mit denen man üben kann. Oder andere Besitzer mal zu beobachten und sich - Tschuldigung - auch mal freuen wie Bolle, wenn Sie sehen, dass Sie selbst doch schon weiter sind, als manch anderer und echt stolz auf sich und Ihren Hund sein können. Und dies auch ruhig sein dürfen!!!

Mensch und Hund sollte das Lernen in der Hundeschule Spaß machen, aber auch den nötigen Ernst mitbringen. Nochmal: Wenn Sie mit verkrampftem Magen und der

Hund mit eingekniffenem Schwanz hingehen, bleiben Sie lieber zu Hause. Dann suchen Sie weiter nach der für Sie und Ihren Hund geeigneten Hundeschule. Auch wenn Sie ein Stück länger fahren müssten. Das lohnt sich immer. Wenn denn der (oder auch die) auserwählten Trainer Sie mit Ihrem Hund schon ein wenig kennen, sollten sie auch mit Ihnen eigens für Sie zugeschnittene Wege gehen, wenn denn nötig und auf die Art Ihrer Familie mit Ihrem Hund eingehen.

Sie sind bereits in einer Hundeschule, dort funzt auch alles recht gut, aber kaum sind Sie „privat", geht nichts mehr? Tjaa, dann beobachten Sie sich mit ihrem Hund mal ganz genau – noch besser, Sie lassen sich bei alltäglichen Dingen mal filmen. Sie werden überrascht sein, wie stark und wirklich wollend Sie in der Hundeschule gearbeitet haben, aber wie „unaufmerksam" Sie mit Ihrem Hund im Alltag sind. Gehen sie jetzt „in sich", beginnen Sie mit Ihrem Hund nach der letzten Seite dieses Buches neu - es wird sich lohnen!!!

Jahaaa, das heißt sogar, dass Sie später mal „ein Auge zudrücken" dürfen. Ja, wirklich. Aber eben erst später. Wenn Sie merken, es „klickt" zwischen Ihnen und Ihrem Hund. Dann dürfen Sie mal so tun, als sehen Sie was nicht. Und auch mit Hund an der Seite an andere Dinge denken. Oder ein „NEIN" mal „bereden". Merken Sie, der Hund „nutzt es aus", fallen Sie sofort ohne Nachgiebigkeit wieder in Ihren „Klick" zurück.

Sollten Sie allerdings bei jeder Hundeschule, in der Sie eine „Schnupperstunde" mitmachen, immer am gleichen Umstand scheitern – könnte es dann vielleicht doch an Ihnen liegen, dass Sie in dem Punkt nicht weiterkommen?

Candy mit Riesenschnauzer-
Freundin Paula

Einer unserer Lieblingsgäste, da völlig
problemlos: Der schwarze Labrador Rico

Alle Menschen, die sich schon lange Jahre mit Hunden beschäftigen, seien es Trainer, Psychologen, Therapeuten, oder langjährige Hundehalter – wir nennen sie hier mal „Insider" - wissen: Man muss „nur" klare Anweisungen geben und dass, was man sagt (egal ob zu Hund oder auch als Menscheneltern zu Kind☺) auch meinen. Und sich beim Sagen schon sicher sein, dass es funzen wird. Und nicht bangen „oooooh, was mach ich nur, wenn es nicht klappt, hilfe, ich glaube, ich kann das nicht". Ja, ist ganz einfach. Für diese Hundehalter- ach ja, auch für „Insider-Eltern".

Genau DAS ist aber für Hunde-Anfänger, oder auch für „gluckenhafte Zeitgenossen", die sich schon länger mit einem oder gar mehreren Hunden „rumärgern" und für so manche Menschenkind-Eltern gerade die Schwierigkeit!!!
Sie haben sich vorher noch nicht mit Erziehung befasst und ganz einfach das Gespür dafür verloren, können sich nicht ohne Hilfsmittel – egal welcher Art – durchsetzen.

Das ist aber gar nicht so schlimm, wirklich. Sie haben ja erkannt, dass es nicht richtig klappt – und der „Klick" wird Ihnen zumindest bei der Erziehung Ihres Hundes helfen. Beherrscht dann der Hund – dank Ihnen und Ihrem neuen Erziehungseinsatz – die Regeln, können Sie ihm sogar mal was vom Tisch geben. Ja, und zwar dann, wenn er unbeteiligt irgendwo liegt. Sie rufen ihn, er bekommt eine in Pesto getauchte Nudel – und wird verzückt darüber sein. Dann schicken Sie ihn wieder weg. Er wird gehen.

Das erste Ziel ist, die Aufmerksamkeit zu bekommen. Und sofort diese zu nutzen. Da nehmen wir doch in erster Linie mal das Futter. Wir sind jetzt wieder beim Hund. Da Sie ja nun einen Hund brauchen, der mit kleinen Futterbröckelchen „lenkbar" wird, haben wir auch schon mal das „Ich MUSS fressen" in ein „ich DARF fressen" umgewandelt. Sehr gut. Nochmal zur Unterstreichung dieser Wichtigkeit: Nicht jedesmal mit Futter belohnen, und, vor allen Dingen, NICHT bestechen mit Futter, sondern erst NACH der gelungenen Übung ab und an was hervorzaubern.

Auch kann es sein, dass Sie sich mal ganz kurz „für Ihren Hund zum Affen" machen müssen: Ihr Hund hat sich ungefragt von Ihnen entfernt und läuft auf einen Fremdhund zu. Das ist nicht schlimm, meinen Sie? Hm, es geht hier aber um das unerlaubte Entfernen, Sie könnten sich vorstellen, er läuft in Wahrheit gerade zu einer vor Angst schreienden Frau mit Kind an der Hand.... oder auf einen Abgrund zu... oder auf die Autobahn.... naaa? Jetzt wird es schon brenzliger, was? Einen Ruf von Ihnen überhört er einfach, geht weiter. Nun müssen Sie aber ganz fix sein. Sie machen ein unerwartetes Geräusch, ihr Hund dreht sich ganz kurz um. Genau in diesem Augenblick gehen Sie in die Hocke, klatschen, quieken, zappeln....so lange, bis der Hund wieder bei Ihnen ist (denn sonst rennt er wieder zum Abgrund), geben ihm was Feines, spielen kurz mit ihm und drehen möglichst in die andere Richtung ab.

Da hat uns ein „Insider" gerufen – den lassen wir aber mal zappeln, wa?

Haben Sie sich einmal dazu überwunden werden Sie sehen, wie das klappt und das zweite Mal (falls es sein muss) ist dann nicht mehr so peinlich. Nun gut – ich stelle mir gerade einen gewichtigen 120 kg-Mann vor, der, um die Aufmerksamkeit seines Jack Russel zu bekommen, auf dem Boden rollernd grunzt....*höhö*.

Seien Sie aber unbesorgt, in der Regel brauchen Sie das „sich-zum-Affen-machen",
wenn Sie es denn nicht zeitverzögert sondern schnell tun, nur ein- oder zweimal
anwenden. Am einfachsten wird Ihnen das in der Hundeschule fallen, da dort ganz
sicher noch mehr „Affen" rumlaufen *breitgrins*.

Später sollte dann ein leichtes Schnalzen mit der Zunge reichen, und der Hund kehrt
um. Denken Sie immer dran – „Insider" brauchen Hilfsmittel dieser Art NICHT
MEHR.... vielleicht haben aber gerade diese manchmal vergessen (oder verdrängt?),
wie ihre Anfänge mit Hund ausgesehen haben. Und da nehme ich mich (immer noch)
nicht aus!!!

Auch kann man mit einem „hörende Hunde" so wunderbare Fotos machen – okay, ich
würde da noch ne bessere Kamera brauchen – aber immerhin, ich kann meinen
Hunden „erklären", dass ich jetzt knipsen möchte.

Hm? Du möchtest ein lustiges Foto von mir?

Neee, hab eigentlich gar keine Lust.

Reicht das so???

Ja bitte bitte, gern geschehen.

KAPITEL 7 – Shinaiko-Syndrom-Fälle und ein glückliches Ende?

Zur Verdeutlichung hier noch zwei unterschiedliche Fälle, beides Hunde, einmal Schnösel, einmal älteres Semester, gleiches Krankheitsbild:

Ab und an habe ich einen wunderbaren jungen Hütehund in Pflege. Seiner Aufgabe, zu der er ursprünglich gezüchtet wurde, kann er bei seinem Herrchen nicht mehr nachkommen.

Der Jungrüde ist spritzig, energiegeladen, seine Augen leuchten immer voller Lebensfreude und Wissensdurst. Herrchen liebt seinen Kumpel abgöttisch, hat ihn zum Entspannen von der Arbeit angeschafft. Hund ist mit in der Werkstatt dabei, dreimal am Tag sind ausgiebigste, lange, zum Gedanken-freien-lauf-lassen-Spaziergänge die Erfüllung des Herrchens...und endlich mal ne Aufgabe für den Hund. Bei der aber nix los ist – jaaa, mal ein Stöckchen werfen – das wars dann schon.

Da der Kerle in größeren Abständen und immer nur für ein paar Tage zu uns kommt (Besitzer muss auswärts arbeiten, ohne Hund, die Lebenspartnerin des Herrchens nimmt den Schnösel nicht mehr), muss ich dem Rüden jedes Mal wieder sagen, wie es im Hause Wagner (das sind wir) läuft.

Das ist jedes Mal wieder aufs Neue anstrengend, da der Junge, je älter er wird, immer hartnäckiger versucht, „sein Ding" durchzubringen. Nach drei Tagen habe ich ihn dann wieder soweit, dass er die Hausregeln befolgt und draußen nicht mehr an der Leine zieht wie bekloppt – und einen Tag später holt ihn sein Herrchen freudestrahlend wieder ab.

Mir hängen Zunge und Schultern am Boden, da er in seinem Alter zu Hause sehr viel darf, hier ALLES hinterfragt, manches mehrmals, und einfach zu viel Zeitraum zwischen seinen Besuchen bei uns liegt. Und ich deswegen immer wieder von vorne anfangen muss. Der Hund braucht keine Ausdauer-Spaziergänge, sondern Kopfarbeit. Dringend.

Beim letzten Mal, als Herrchen ihn brachte, sagte er: „Der Bub hat jetzt zwei neue Eigenarten. Er geht ständig ins Wasser, sobald ich ihn ableine, rennt er schon los. Da nützt kein Rufen mehr von mir. Er wird gar nicht mehr trocken und ich bekomme sein Fell nicht mehr durch. Wenn ich ihm Futter zeige, kommt er auch nicht mehr. Ach ja, und er ist so tollpatschig – ständig läuft er mir aus Versehen vor die Füße und ich stolpere fast." Vier Tage später: Zwischenzeitlich habe ich den müffelnden Hund (da ja das Fell nicht mehr trocken wurde durch sein ständiges Schwimmen) gebadet. Dann den Filz, der nicht mehr durchkämmbar war, herausgeschnitten, und den Resthund gründlich gekämmt.

Auch die „Tollpatschigkeit" ist ihm bei mir zweimal passiert. Er hütet. Ganz einfach. Das war ja mal die Aufgabe seiner Vorfahren. Es steckt ihm im Blut. Er läuft seinem Herrn in den Weg und hütet ihn. Jetzt versucht er es bei mir. Ich habe ihn zweimal mit den Knien auf die Seite „gekickt". Siehe da, die „Tollpatschigkeit" verschwand für die letzten Tage. Seinem Herrchen habe ich versucht, doch noch auf die Sprünge zu helfen. Also nicht erklärt, WIE er etwas umsetzen muss, nur DAS er dies tun muss, sonst kann ich seinen Vierbeiner nicht mehr „hüten". Ich mag aber Hund und Herrchen sehr gerne und hoffe, dass letzterer bald vom Shinaiko-Syndrom geheilt ist. Bis jetzt hat Herrchen sich leider nicht mehr bei mir gemeldet. Wobei ich ihn ein wenig vermisse. Also den Hund. Naja....*seufz*.

Nächster Fall:

Ich bekam für zwei Wochen eine Hündin in Pflege, mittelgroß, acht Jahre alt. Frauchen sagte mir bereits am Telefon, dass die Hündin „nicht ganz einfach" sei. Sie wäre faul, würde ungern weite Strecken laufen. Ausserdem würde sie kaum etwas fressen. Hm, klingt schon nach „krank" dachte ich. Habe noch recht klug was von „vielleicht hat sie ein Schilddrüsenproblem" gefaselt... ich werde sehen.

Und sah auch:

Frauchen kam mit allen wichtigen Hunde-Gerätschaften. Wir unterhielten uns eine Weile, natürlich besprachen wir auch die Fressunlust. Nur ein spezielles Dosenfutter würde die Hündin – und das auch nur widerwillig – noch fressen. Selbstverständlich war das Futter dabei, neben unzähligen Leckerchens (betont wurde für alle Hunde) – und einem riesigen Stück eingeschweißtem Käse. Den würde sie, wenn gar nichts mehr geht, gerade noch gnädig nehmen. Gouda mittelalt, schätzte ich mal. Nur dieser Käse würde den Hund also am Leben erhalten, wenn gar nichts mehr ging. Aha. Schönen Urlaub.

Die Hündin hatte das Fell geschnitten, von den eigentlichen ca. 10 cm dieser Rasse waren noch 2 cm Länge vorhanden. Es war Sommer, in dieser Zeit wirklich sehr warm. Frauchen dachte, der Hündin so die Hitze erträglicher zu machen.

Das Fell war allerdings zur Haut hin filzig, teilweise richtig verklebt (durch Schwimmen der Hündin, was ja voll in Ordnung und auch gut ist, allerdings sollte man VOR dem Schwimmen mal frisieren). Was Frauchen einfach vergessen hatte: Ihrem Hund die Unterwolle auszukämmen. Es kam keine Luft an die Haut. Vor lauter Hecheln, um die „innere Hitze" auszugleichen, hatte sie keine Kraft und auch keinen Bock mehr, noch lange Spaziergänge zu machen. Also kämmte ich die Unterwolle aus. Nach fast drei Stunden war ich fertig, die Hündin hat ganz brav stillgehalten. Aus dieser gewonnenen Unterwolle hätte man mindestens drei weitere Hunde stricken können. In Ihrer Zeit bei uns kämmte ich das Mädchen noch zweimal, jedes Mal kürzer und mit wesentlich weniger „Ausbeute".

Nach dem ersten Auskämmen hatte die Hündin nach Rippentest – wo waren die denn noch mal...??? noch ungefähr zwei bis drei Kilo zuviel auf den Hüften (habe ich auch gerade mal wieder, allerdings sind es vier bis fünf Kilo bei mir, aber ich arbeite dran *schwitz*.) Aha. Aber der Hund frißt ja so schlecht...???

Am Abend stellte ich der Hündin mal kurz das Futter unter die Nase (vorsorglich sehr wenig, da ich schon ahnte, was kommt). Sie hat es nur kurz angeguckt und ging weg – Bingo. Also sofort wieder weg damit, Candy hat sich sehr drüber gefreut, ist auch die Schlankste in unserem Hundehaufen.

Ich hatte keinen „Erziehungsauftrag", benutzte auch den ganzen Tag keine Belohnunghappen. Am Abend stellte ich unserem Gast wieder den Napf hin. Mit ganz wenig Futter. Aus dieser Dose. Sie wollte hin, hatte also schon leichten Kohldampf nach einem Tag Fastenkur. Ich ließ sie NICHT zum Futter, sondern „SITZ" machen. Ich guckte in leicht verdutzte Hundeaugen, sie tat aber, wie ihr geheißen. Dann gab ich ihr die Erlaubnis, dass sie fressen DARF. Genau, sie DARF fressen – sie MUSS nicht. Noch war es nicht die ganze Menge, die sie von mir bekam. Ich wollte ja, dass sie auffraß. Und das hat geklappt. Am nächsten Abend setzte sie sich schon erwartungsvoll hin, als ich den Napf in der Hand hielt. Zur Hälfte mit Dosen-, und zur Hälfte mit Trockenfutter gefüllt, das ja eigentlich „gar nicht bei ihr geht".

Ich sagte „OKAY", sie stand auf und fraß innerhalb kürzester Zeit alles auf. Bingo. Die Hündin ging übrigens tagsüber ohne Probleme – trotz Hitze – mit mir mehrere Kilometer im Wald walken… ihre Geschwindigkeit war ihrem Alter entsprechend völlig normal. Strike.

Nach der ersten Woche gab es dann für „gute Taten" ab und an einen KLEINEN Belohnungshappen – in Form von Käsestückchen.

Dann fing sie auch noch an, mit meinen Hunden in unseren „Freude-übers-Futter-Hüpf-Tanz miteinzustimmen. Wirklich nur so lange, bis ich den Namen des Hundes sage, dessen Napf ich gerade in der Hand habe. Der entsprechende Hund setzt sich hin, guckt mir in die Augen und nach nem „OKAY" DARF er fressen. Bingo und Strike.

Zur Erinnerung noch mal die Diagnose des Shinaiko-Syndroms:

Symptome:

Nicht zu erkennen, welche Regeln und Grenzen ein Welpe, Junghund oder auch erwachsener Hund im eigenen Reich kennen muss und was er aufgrund seines eben noch kindlichen Verhaltens oder mangelnder Erziehung noch nicht können kann.

Ursachen:

Verloren gegangene innere Eingebung des Menschen für die wichtige Erziehungsgrundlage. Mensch lässt sich lenken und leiten, will allem und jedem gefallen und hat kein Gespür mehr für die Weitergabe von sinnvollen Regeln und Grenzen. Zudem wird er verunsichert durch ein Zuviel an unterschiedlichen, unverständlichen und nicht durchführbaren Hilfestellungen.

Therapie:

Mehrmalige Lese-Kur des „Klicks": Einmal bevor ein Hund ins Haus kommt, vier Wochen nach dem Einzug, sechs Monate später und dann je nach „Einschleich-Macken" gelegentlich alle ein bis zwei Jahre. Unterstützende Begleitung einer gut geführten Hundeschule verbessert und beschleunigt die Heilung, die Dosierung kann herabgesetzt werden.

Behandlungserfolg:

Sollte der Patient beim ersten Lesen den vollständigen „Klick" noch nicht gefunden haben, wird es nach Lesen in den Abständen jedes Mal ein Stück „klickiger". Einfach, weil er Hunde anders beobachtet, Zusammenhänge besser versteht und dies leichter verinnerlichen kann. So hat er mehr Ausstrahlung auf den Hund, dadurch mehr Sicherheit und fällt klare und schnelle Entscheidungen. Zusätzlich ist bei der Auffrischung nach einiger Zeit die Rückfallquote wesentlich geringer.

Nebenwirkung:

Der Mensch hat eine entspannte, fröhliche, einfach gute Zeit mit dem Vierbeiner!!!

Nun haben „wir" – also Sie und ich – die Besitzer der Welpen Takeo und Kawaii, nen Junghund und einen erwachsenen Hund mit dem „Klick" therapiert *augenzwinker*.

Noch ein ganz wichtiger Punkt: Ist abgeklärt, dass der Hund GESUND ist? Wenn ein Hund Schmerzen oder eine andere Störung hat, kann es auch sein, dass er aus diesen Gründen heftig – egal in welche Richtung - auf gewisse Umstände anspricht, weil er dies zu seinem Schutz tut oder meint tun zu müssen? Gut. Ist also abgeklärt und es besteht keine Krankheit.

Grisu

Leroy

Wie sieht es nun mit Ihnen als Besitzer aus?

Sie möchten immer noch einen Familienhund? Super, das wird nun eine wichtige, aber glückliche Zeit werden. Sie haben schon einen Hund und sind sich jetzt bewusst, dass Sie was ändern müssen? Hat es geklickt? Welchen weiteren Weg möchten Sie nun einschlagen? Können Sie Ihren Hund zu einem erfahrenen Hundehalter geben? Auszeit kann wichtig sein. Sowohl für den Hund, der nun „Urlaub macht", einen anderen Haushalt kennenlernen darf und sogar mal einige Tage mit weiteren Hunden zusammenleben kann. Und Sie können überdenken: Ja, wir starten gemeinsam neu.

Sie können sich Ihre „neue" Verhaltensweise in aller Ruhe – vielleicht gleich mit einem „Menschen, der sich damit auskennt" überlegen und immer wieder in Gedanken durchspielen. Damit Sie die Schnelligkeit schon erreicht haben, wenn es los geht. Auch kann es in der Auszeit sein, dass Sie den Hund gar nicht so vermissen. Und merken, das ist doch nicht Ihr Ding oder eben jetzt die Zeit noch nicht reif.

In der Regel verkraften Hunde eine Lebensveränderung gut. Sehr gut sogar. Viel besser, als man glaubt. Ist eben wieder menschlich gedacht, „der arme Hund wird abgegeben". So denkt der Mensch. NICHT DER HUND! ... in sehr vielen Fällen.

Ausnahmen sind natürlich traumatisierte Hunde, oder solche, die wissentlich - oder auch ohne es zu wollen - „abhängig" gemacht wurden. Und ein paar Sorten, die sich eben an eine einzige Person besonders binden. Und all die „Geretteten" aus dem Ausland. Da ist es durchaus möglich, dass man nur mit dem „Klick" nicht wirklich weiterkommt.

Eine unserer ehemaligen Hündinnen ist Alisha, die auch vor Jahren erfolgreich ihre Zuchtbeurteilung bestand. Alisha war eine gute Hunde-Mama, sie hat drei wunderbare Würfe geboren, die wir zusammen mit ihr aufziehen durften.

Alisha als Welpe

Alisha mit dem „Scheidungswaisen" Darino

Stolze Mama Alisha mit ihren I-chens

Im Laufe der Zeit wurde Alisha – ich nenne es mal – etwas anstrengend. Nie bösartig, sie hat aber entweder unsere Resthunde zu Quatsch „aufgestachelt" oder lag als einzige abseits von der Gruppe. Auch bei Spaziergängen in größeren Hundegruppen zettelte sie als „Anführerin" regelmäßig Blödsinn an und die ganze Meute machte mit. War ich mit ihr alleine unterwegs, merkte man richtig, wie gut ihr das tat, wie ausgeglichen sie war und auf leiseste Zeichen sofort folgte. Aber ich konnte sie nicht ständig als „Extrawurst" behandeln. Über ein Jahr haben wir mit anderen

Züchtern, Hundetrainern und weiteren Mehrhundehaltern gesprochen. In der Familie diskutiert, wieder verworfen, waren unschlüssig.

Eines Tages dann stellte ich doch eine Art „Steckbrief mit Fotos" von Alisha für unsere Züchter-Homepage zusammen. Mal gucken, dachte ich – vielleicht meldet sich ja gar keiner...Voraussetzung war unter anderem, dass sie der einzige Hund der neuen Familie bleiben sollte. Denn, sonst würde sie ja vom Regen in die Traufe kommen – wir hätten sie zwar „los", sie aber nix von.

Rolf hatte die Seite kaum online gestellt – wirklich, 10 Minuten später!!! meldete sich eine Familie ... *upps*. Die Dame dann am anderen Ende der Leitung sagte, sie habe gerade nach einem endlich eigenen, aber schon erwachsenen passenden Hund für ihre Familie gesucht und ist auf Alisha gestoßen... ich glaube heute noch, dass das Schicksal war. Wir haben viel gemailt und telefoniert, die Familie war auch mehrere Male hier. Wir sind zusammen spazierengegangen, haben alle Möglichkeiten durchgespielt, ich alle Vorzüge und auch die Macken erzählt, damit Alisha keine Chance hat, so zu tun, als könne sie „SITZ" nicht *gg*.

Die beiden Söhne der Familie, damals 8 und 11 Jahre alt, hatten schnell einen guten Draht zu Alisha gefunden. Mit einem Übernahme-Vertrag, in dem alles Wichtige geregelt war, zog die Hündin dann von uns hier 150 Kilometer weiter in ihr neues Zuhause. Klar, der Abschied ist schwer. Sehr schwer. Ich stelle mir vor, der Hund geht nur kurz in Urlaub und hat seinen Spaß. In einem Übernahmevertrag war geregelt, dass beide Seiten eine vierwöchige Ein- und Entwöhnungsphase haben und in dieser Zeit beide Seiten den Schritt wieder rückgängig machen können. Das hilft mir sehr bei so einer Entscheidung.

Alisha ist nun schon einige Jahre sehr glücklich bei ihrer neuen Familie. Sie genießt das Alleinhundsein sichtlich. Selbst bei Spaziergängen interessieren sie Hunde-Begegnungen nicht wirklich. Wir haben uns auch zwischenzeitlich gesehen, sie hat sich sehr über uns gefreut. Alisha ist aber wie selbstverständlich mit ihrer Familie mitgegangen, ohne sich noch einmal umzusehen. Demnächst werden wir uns auch wieder treffen, freue mich schon ganz arg drauf. Unsere Resthunde sind seit dem Auszug der Hündin wesentlich entspannter, wir konnten „durchatmen". Die Hektik war raus.

Die Hündin Kjushi, eine Lolli-Tochter, lebte ein Jahr bei uns in der Zuchtstätte. Da sie leider einen Überbiss entwickelte, konnte sie nicht in die Zucht. So haben wir uns entschlossen, diese liebe, sehr leichtführige Hündin abzugeben. Es meldete sich eine Familie, die bereits einen Rüden aus unserem L-Wurf hat. Die beiden Hunde sind ein Herz und eine Seele, wir haben sie schon einige Male besucht.

Kjushi von Werthers Echte beim Kuscheln mit ihrer älteren Vollschwester Jumi

Kjushi in ihrem neuen Zuhause mit Elo®-Kumpel Lavazzo-Tamino von Werthers Echte

Wie, du willst auf UNSER Sofa???...

...einfach ignorieren – hilft immer.

Immer wieder haben wir auch Urlaubspflegehunde zu Gast. Nicht nur aus eigener Zucht, auch weitere „mädelsgruppenverträgliche" Hunde aller Art, die aber bitte alle schon mal was von Erziehungsgrundlagen gehört haben sollten. Wenn die Besitzer sehen würden, wie schnell sie doch „vergessen" sind – man wäre echt tieftraurig. Ratz-fatz sind sie in der Gruppe drin, gucken sich von unseren Hunden ab, wie alles hier so läuft und man könnte meinen, sie waren noch nie woanders. Natürlich freuen sie sich wie verrückt, wenn ihre Leute sie wieder abholen. Aber es zeigt, dass Hunde da viel einfacher gestrickt sind, als Mensch meist denkt.

Was für ein Gefühl haben Sie jetzt? Schaffen Sie es, mit dem „Klick" einen Welpen zu erziehen? Haben Sie die Zeit, Ihren Junghund noch umzupolen? Haben Sie die Nerven, Ihrem erwachsenen Hund endlich ein geregeltes Leben zu bieten?

Also, sollten Sie hier jetzt merken, ohne Hund wäre doch alles leichter, aus einem erst jetzt entstandenen Grund heraus sind sie der Meinung, Ihr Schatz hat ein „besseres Leben" verdient:

Scheuen Sie sich nicht, ein neues Zuhause für ihn zu suchen. Ohne schlechtes Gewissen. Für den Hund. Natürlich mit aller Sorgfalt, die irgend möglich ist, und aller Zeit der Welt, die eben nötig ist. Und bitte geben Sie niemals einen Hund ohne eine „Schutzgebühr" und Vertrag ab.

Sie möchten Ihren Hund behalten, jedoch soll ab jetzt ein „anderer Wind" wehen? Prima, dann lesen Sie bitte weiter. Wenn Sie Ihrem Fellfreund keine „Auszeit" geben können oder wollen: Nicht jetzt gleich und hier hopplahopp irgendwelche Verhältnisse ändern wollen. Nein, erst einmal ein paar Tage denken. Wie gehe ich welche Sache an. Was muss ich in welchem Verhältnis ändern. Was muss ich ausgeklügelt richtig zuerst umsetzen. Welche

Möglichkeiten habe ich, die zu mir, meiner Familie und meinem Hund passen.

Und dann gibt es den „Tag X". Ab da wird ALLES, was Sie sich vorgenommen haben, jawollja umgesetzt. Aber, Schritt für Schritt, und so bedächtig, wie es nötig ist. Allein wenn Sie die übliche Pinkelrunde einmal andersherum gehen, oder anders abbiegen – oder, sollte Ihr Hund bereits das „SITZ" vor dem Futternapf mit Blickkontakt beherrschen, hier nur mal ein „PLATZ" einfordern – schon werden Sie merken, wie die Beamtenseele in einem schlummert....ja, und hier meine ich nicht nur im Hund!!!

Beobachten Sie Ihren Hund viel. Irgendwann können Sie anhand aller möglichen Anzeichen (der Körperhaltung, den Ohren, seiner Art zu laufen...) im Vorfeld schon erkennen, was er gleich tun will und dementsprechend schneller handeln. Sie können bestimmte Dinge mal erlauben – oder, aus welchen Gründen auch immer, den gleichen Sachverhalt ein anderes Mal verbieten.

Beobachten Sie Ihren Hund viel. Spielen die beiden hier, oder haben sie gerade eine Meinungsverschiedenheit?

Mit einem „NEIN" unterbinden Sie den gerade „angedachten" Sprung vom Hund in den Bach – da Sie gleich wieder zurück ins Büro müssen, die Nase des Chefs nicht allzusehr reizen und das helle Kostüm der Kollegin nicht schokofarben sprenkeln möchten. Schließlich ist es ja wundervoll, dass der Hund mit in die Arbeit darf. Am Samstag allerdings, ein schöner Spaziergehtag, Sie kommen an einem Teich vorbei.

Der Hund blickt sie an – und mit einem „OKAY" darf er sich in die Fluten stürzen.

Wenn irgend geht, so freudig wie möglich erziehen. Beobachten Sie mal Hundebesitzer. Wie oft fällt das Wort „NEIN" – und leider meist wenig das „FEIIIN". Loben Sie Ihren Hund auch mal, wenn er gerade „einfach brav ist": Wenn er artig wartend neben Ihnen sitzt. Oder entspannt auf seiner Decke liegt und sie ansieht. Das wird nämlich immer als selbstverständlich hingenommen. Und nur gemotzt, wenn was nicht gut läuft. Hier denke ich auch grad wieder an die Menschenkinder!

Hunde sehen schnell ein Lob als „Auflöse-Zeichen" – weil wir Menschen oft missverständlich sind: Der Hund wird gelobt, gleichzeitig beharrt der Mensch aber nicht auf das Weiterführen des vorher erteilten Kommandos. Heißt für Hund: „Supi, hab ich gut gemacht, jetzt kann ich los". Meist lobt Mensch Hund dann nicht mehr, da Mensch den Zusammenhang gar nicht erfasst hat. Also: Bitte weiter loben, aber noch – nur ganz kurz - auf die richtige Ausführung des Befehls bestehen! Sonst glaubt der Hund, das Lob wäre das Auflösezeichen, okay!?

Wäre doch so schade. Auch ein Kind freut sich, wenn es gelobt wird, weil es gerade ohne zu Nörgeln von selbst die Hausaufgaben macht. Oder ich mit nem Bussi an meine Tochter bemerkt habe, dass sie ohne Aufforderung die Spülmaschine ausgeräumt hat. Ja, ich weiß, eine Hundemutter lobt nicht.

Einen Hund braucht man nicht anzuschreien und glauben, die Lautstärke zeigt, wie ernst es gemeint ist. Nö. Viele laute Hunde werden unter ihresgleichen gar nicht ernst genommen (kann ich immer wieder bei Lolli beobachten *gg*). Trotzdem, es liegt in der Natur vieler Menschen, laut zu sein. Auch in mir. Bin schon laut bei ganz normalen Gesprächen, alle die mich kennen, können ein Lied davon singen *räusper*. Das macht „schwupps" und es ist draußen bei mir. Tja. Die Hundeohren gewöhnen sich aber auch daran. Am meisten merke ich das beim Autofahren. Wenn im Radio ein Lied kommt, dass mir besonders gefällt, drehe ich auf. Richtig auf. All unsere Hunde steigen trotzdem immer wieder freudig ins Auto ein. Wauzis, ihr seid klasse.

Und wenn Kind und Hund brav waren, gibts sogar Geschenke vom Weihnachtsmann

Einer unserer Welpen ging zu einem jungen Pärchen. Der Mann hat eine wirklich tiefe, sehr tiefe Stimme. Der Welpe war während der Besuche etwas unsicher – die Stimme von ihm klang in den Welpenohren bestimmt „ärgerlich". Das hatte sich aber bereits nach nur ein paar Tagen im neuen Heim prima eingespielt. Wat mutt, dat mutt. Tauschen Sie nicht mit Ihrem „frischen Schüler" Hund Meinungen aus. Machen Sie. Schnell und ohne Umwege. Später, wenn sein Leben durch Sie „geregelt" ist, kann, wie schon ein paar Mal erwähnt, ohne schlechtes Gewissen ein Auge zugedrückt werden. Unsere Tochter weiß heute noch, über welches „NEIN" man sich gar nicht mit uns Eltern unterhalten braucht. Tut sie dann auch nicht. Bei vielen anderen Dinge gibt es jetzt selbstverständlich meist gute Mittelwege.

Ausgezeichnet klappt in einigen Fällen ein gegensätzliches Handeln: Läuft der Hund an der Leine schneller, werden Sie langsamer. Spielt der Hund sehr wild, bringen Sie mehr Ruhe in das Geschehen. Frißt er nicht (außer, er ist krank), geben Sie ihm weniger und denken Sie dabei an DARF und nicht MUSS. Steht er zappelnd vor der Tür, bellt womöglich noch, weil sie sich seiner Meinung nach zu langsam anziehen, setzen Sie sich betont ruhig wieder hin. Schreiben Sie den Einkaufszettel eben nochmal ab und stehen erst wieder auf, wenn Hund sich beruhigt hat (am besten um einiges vor Ladenschluss damit beginnen, wenn Sie ernsthaft was einkaufen wollen) und so weiter und sofort.

So lassen Sie sich nicht von der Stimmung des Hundes „anstecken". Sie nehmen NICHT seine Unsicherheit an, sondern bleiben cool. Sie lassen sich NICHT von seiner plötzlichen Unruhe beeindrucken. Wenn er mit Ihnen spielen will, haben sie mal keine Lust – liegt er faul in der Ecke, ermuntern Sie ihn mal zu einem Spiel, weil SIE das gerade möchten. Ihr Hund KANN Ihr Gefühl annehmen. Und, wenn Sie dann doch mal Trübsal blasen sollten – dürfen Sie sich gerne von seiner guten Laune begeistern lassen.

Suchen Sie gemeinsame „Hobbys mit Hund". Vielleicht möchten Sie in einem gemeinnützigen Verein mit ihrem Hund arbeiten. Sie können ein Lächeln auf die Gesichter älterer Menschen in Pflegeheimen zaubern, die ihren Hund streicheln dürfen. Oder steigen Sie in die Rettungshunde-Arbeit ein. Auch kann man in Schulen mit einem coolen Hund den Kindern die Angst nehmen und ihre vielen Fragen beantworten. Auch Mantrailing ist eine spannende Herausforderung. Bitte frühzeitig klären, wieviel zusätzliche Zeit ihre neue Tätigkeit mit Hund verschlingt. Oder Sie vor anderer Arbeit rettet – wie auch immer.

Möglicherweise gefällt Ihnen ein „Clicker-Kurs". Vielleicht ist das genau das Richtige für Sie - genau dann, wenn Sie das Gefühl für richtiges Timing nicht haben, falls es das ist, was Ihnen besonders schwerfällt.

Was ist denn Timing???...

Coton de Tulear Bonnie und Annika-Baby

...*grübelgrübelgrübelgrübelgrübel*

Annika heute

Daneben könnte auch eine Art von Hundesport für Sie ansprechend sein, und Sie fördern so Ihre Bindung ab dem „Tag X"? Grundkurse werden in vielen Vereinen angeboten. Allerdings würde ich dann „privat" mit meinem Hund ab und an aus Spaß üben – sei es im eigenen Garten oder auch im Wald. Dort kann man all die natürlichen Hindernisse nutzen. Also nicht unbedingt in die Profiliga aufsteigen, sondern das Erlernte anderweitig umsetzen. Auch das Longiertraining ist ein hervorragendes gemeinsames Hobby. Manche Hunde lieben auch Kopfspiele – Sie auch? Dann viel Spaß zusammen. Gerade die Hunde, die körperlich sehr „bewegend" sein möchten, sind hier gut aufgehoben.

Alles, was man übertreibt, ist nicht gut!!!

Ein „gemeinsames Hobby" kann aber auch nur ein „anderer, abwechslungsreicher Spaziergang" sein – sie MÜSSEN keinen Sport machen. Schon damit schaffen Sie für Ihren Hund und auch sich selbst ein Highlight im Tag. Selbstverständlich dürfen Sie da auch mit anderen Leuten quatschen und den Hund „nebenherlaufen lassen". Das ist ganz wichtig, nicht immer auf den Vierbeiner zu achten. Er soll ja auch lernen, nicht ständig im Mittelpunkt zu sein, sondern auch mal einfach „nur da zu sein". Dann wieder nach Gemeinsamkeiten suchen und diese auch fühlen. Okay?!?

Muss ein Hund immer aufstehen, wenn jemand vorbei möchte? Nö. Muss nicht. Wenden wir in unserer Familie nicht an. Wenn für mich gerade nichts dagegenspricht, steige ich über die Schlafenden. Bin ich aber in Eile, spratzeln meine Hunde sofort in Deckung, da sie einen Zusammenprall mit mir schon gerne vermeiden würden.

Auch werfe ich mal ein Stück Pizzarand nem Hund ins Maul – solange er nicht sabbernd nervend, und pfotenstupsend bettelt, sondern anständig in angemessener Entfernung die Unschuld vom Land ist.

Wenn es Ihnen ab dem „Tag X" leichter fällt, den Hundealltag so zu verändern: Ab jetzt gehe ICH zuerst durch die Tür, ab jetzt darf er NICHT mehr aufs Sofa, ab jetzt esse ICH zuerst, ab jetzt gewinne ICH jedes Spiel – ist auch okay. Es sind nicht diese Handlungen, die eine Veränderung im Gehorsam hervorrufen, sondern alleine DASS etwas verändert wurde. DAS macht ihn aufmerksamer und neugierig. Und er erfährt endlich Ihre Geradlinigkeit. Sie sind für ihn endlich klar!

Ach ja, dann gibt es noch ganz alltägliche Hausgeräusche. Den Staubsauger zum Beispiel. Nein, ich stelle ihn nicht erst tagelang in den Raum und bewege ihn nicht. Nein, ich lege kein Leckerli drauf zum „Schönfüttern". Nein, ich sauge nicht nur, wenn die Hunde nicht anwesend sind. Nein, stellen Sie sich vor, ich sauge einfach! Die meisten Hunde mögen das nicht wirklich, da sie aber meinen „Sauger-Fahrweg" kennen, weichen sie sehr sicher aus. Eine Hündin hätte es lieber gehabt, ich sauge um sie herum – nö, ich schick sie weg. Da soll es ja jetzt so neue Teile geben, die ohne MICH zu brauchen, allein im Haus rumfahren und alles schlucken, was so am Boden liegt...mein Hundehaufen, passt auf, denn es könnte sein... *träum*...

Unser Katzi-Neuzugang hat sich die erste Zeit beim Staubsaugen immer in der Küche in unserem Topf-Drehkarussell-Schrank versteckt. Ich wusste bis dahin gar nicht, dass es eine Möglichkeit gibt, da hineinzukommen, wenn die Tür zu ist – also, die gibt es. Allerdings hatte ich schon überlegt, was Shisha wohl macht, wenn sie nicht mehr durch die kleine Öffnung passt... hätte ich gar nicht überlegen brauchen. Mittlerweile sitzt sie einfach etwas erhöht und sieht dem Staubsaugerteil zu.

Und bitte, wenn Sie dieses Buch nur „einfach so lesen", und merken, dass alles zwischen Ihnen und dem Vierbeiner „stimmig" ist – verändern Sie nichts, was Sie nicht wollen! Es läuft einfach gut und problemlos ... so soll es auch bleiben. Super, seien Sie stolz auf sich.

Gemeinsam entspannen – einfach herrlich

Ab und an mal ein wenig Klarheit schaffen, auch mal was ganz Neues auszuprobieren, kann natürlich in kleinen Prisen nicht schaden.

Hunde und Kinder (genau in dieser Reihenfolge) folgen immer dem, der klare Regeln aufstellt, Grenzen absteckt und vor allen Dingen auf die Einhaltung bedacht ist. Wenn ich zu Hause bin, bin ich diejenige, welche (muss ich jetzt hinzufügen „natürlich nur beim Hund???"). Geben Rolf oder Annika dann irgendein Kommando, gucken mich die Hunde erst einmal an. Etwas entrüstet. „Muss ich jetzt auf diese Anweisung echt was machen? Bist nicht du, Frauchen, anderer Meinung und ich kann euch gegeneinander ausspielen? Büddeeeeee". „NEIN"!

Bei uns läuft auch einiges nicht „glatt". Trotzdem bin ich stolz auf meine Hunde, da wir zusammen wesentlich mehr gute, als schlechte Zeiten haben. Ein guter Chef kann unberührbar sicher Anweisungen weitergeben, nimmt sich aber auch mal zurück.

Er lässt seine Mitarbeiter eigenständig arbeiten, lobt in Form von spendiertem Kuchen, Anerkennung und packt auch mal mit an, wenn Not am Mann ist. Super natürlich, wenn er es sich leisten kann und sich mit ein paar Euronen mehr erkenntlich zeigt. Er hat ein Team von Kollegen, die ehrgeizig und zuverlässig an jedem neuen Vorhaben arbeiten – weil es glücklich macht und jeder Einzelne wichtig, und eben ein Teil des Ganzen ist. So ist auch ein Donnerwetter schnell wieder verflogen und trübt nicht wochenlang den Alltag.

Büddeee Frauchen, dürfen wir die Decke piercen?

NEIN!

Sooo, wollt ihr jetzt mit Frauchen Gassi gehen?

NEIN!

Jeder Hund hat bei uns seine Aufgabe gefunden – nicht immer ganz zu unserer Zufriedenheit. Wenn Pflegling Jumi mal wieder nen Tag hat und meint, jeden Pups verbellen zu müssen, bin ich natürlich nicht erfreut. Wenn ich hingegen aus mehreren Straßen sich Hunde lautstark „unterhalten" höre, meine zur gleichen Zeit artig ohne jegliche Regung im Garten liegen, bin ich sehr dankbar.

Auch wenn ich mir überlege, wie viele verschiedene Worte ich für ein und denselben Befehl habe, schüttle ich oft genug über mich selbst den Kopf: Ich möchte, dass Hund zu mir kommt: Mal pfeife ich, mal schnalze ich mit der Zunge, mal mache ich mein berühmtes „Mäusefiepsen", mal sage ich nur den Namen, oder rufe „KOMM"...... aber, es funzt. Meistens. Das ist die sogenannte „mehrsprachige Erziehung" *hüstel*. Wenn ich mit allen Hunden gleichzeitig laufe, alle frei, und einer geht doch verbotener Weise mal ein Stück ins Maisfeld: Normalerweise müsste ich vor dem Befehl den Namen dazusagen, damit der Hund auch weiß, dass er gemeint ist. Schaffe ich nicht.

Ich sage – okay, manchmal brülle ich – nur „RAUS". Erstaunlicherweise reagiert aber auch nur der Hund, der gerade im Feld ist und geht sofort wieder auf den Weg. Die Resthunde zucken nicht mal mit der Wimper.

Witzig ist auch, wenn ich einen Hund bei etwas sehe, was er gerade nicht tun soll. Meist reicht ein Räuspern von mir, und schon bekomme ich einen schnellen Blick des Hundes und er lässt seine Unternehmung. „Shit, sie hat es wieder bemerkt".
Heute allerdings tat Roxy so, als wäre sie taub (ein wenig Hörverlust hat sie schon, keine Frage - wenn man das mit Chipstüten-Rascheln testet, weiß man die Wahrheit) - und nahm ihr Alter mal als „Vorwand", hier jetzt weitermarschieren zu wollen – so versucht sie ihr Alter „auszunutzen". Ab und zu darf sie das ja auch. Heute aber lief ich ihr hinterher, musste mal kurz am Fell zupfen und sie wieder in meine Richtung bugsieren. Sie hörte danach wieder „sehr gut". Das ist wirklich wichtig: Nicht nur „Androhen" und dann ablassen, sondern nachdrücklich einfordern.

Wenn Eltern im Biergarten gemütlich mit Freunden sitzen, das Kleinkind am Spielplatz gerade dem Kumpel daneben die Schüppe übern Kopf zieht, ist der Satz „Wenn du nicht brav bist, gehen wir sofort heim" völlig fehl am Platz. Wenn das Kind dann das Elternteil herausfordernd grinsend ansieht, und gleich noch mal drauf haut, hat man verloren. Denn, man müsste sofort sein Kind packen und nach Hause fahren. Aber die Freunde sitzen ja da. Mist, man will ja gar nicht gehen. Und das Bierglas ist noch voll....und zahlen müsste man auch noch...
Das weiß dieses Kind natürlich längst, wie immer ist es nur eine leere Drohung. Entweder also wirklich SOFORT gehen, oder einfach die Schaufel abnehmen und in einer anderen Ecke des Spielplatzes mit Kind „neu anfangen". Eventuell wäre noch ne kleine Entschuldigung beim Opfer und den Eltern einfach nett.

Danach wird gechillt

Noch ein „Menschen-Teenie-Beispiel":

Annika war 16, und wir beide zusammen in der Stadt. Schuhe wollte sie sich kaufen. Wir kurvten gerade im ungefähr hundertsten Geschäft herum. Ich hätte jedes zweite Paar kaufen können, Annika hingegen an jedem Paar irgend etwas auszusetzen gehabt. Irgendwann sagte ich zu ihr: „Wenn du jetzt nicht in der nächsten Minute dir

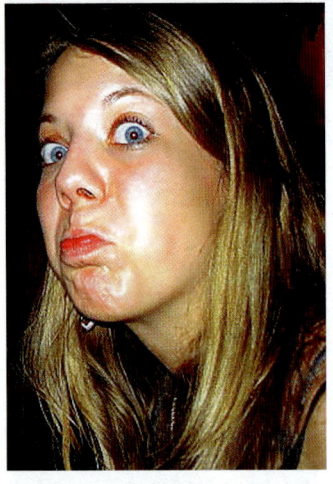

ein paar Schuhe ausgesucht hast und zur Kasse gehst, mache ich hier mitten im Laden einen Sitzstreik!" Lachhaft? Oh nein. Ich hörte förmlich, wie es bei ihr ratterte: „Uaaaaah, jetzt wird's eng. Ich gehe hier zur Schule. Jeden Moment könnte jemand in den Laden kommen, der mich kennt. Und sie tut es. Ich weiß es, sie tut es. Ganz sicher".

Annika hatte dann von den vier Paar schwarzen Schuhen, die sie zur Auswahl vor sich stehen hatte, tatsächlich die Schwarzen genommen. Ohne zögern, sofort zur Kasse. Strike.

Wenn ich mal nicht gut drauf bin – soll ab und an auch vorkommen – wähle ich unter meinen Hunden die einfachste Möglichkeit, um den Tag nicht noch mehr zu versauen. Also, ich nehme eine Strecke, an der ich wenig Begegnungen habe, sei es menschlicher oder tierischer Natur, und gehe auf zwei Etappen. Die Zusammenstellungen Roxy und Jumi am Vormittag, und Candy mit Lolli am Nachmittag, sind sehr entspannend. Sie verbünden sich nicht, jeder macht „sein Ding". Wenn ich was ansage, befolgen sie es schnell und zuverlässig. Am schwierigsten sind Lolli und Jumi zusammen, da eben Mutter und Tochter. Die sind sich so was von schnell einig, das immer wieder mal mein Gegenangriff viel zu spät kommt. Zefix.

Hundemamas und ihre Kinder - die sind nochmal inniger verbandelt. Wir hatten schon mehrere Male Mutter-Töchter-Gespanne für einige Jahre zusammen bei uns wohnen – es ist immer wieder wundervoll zu beobachten. Auch wenn es zeitweise für den Besitzer eben durch dieses unsichtbare Band anstrengender werden kann.

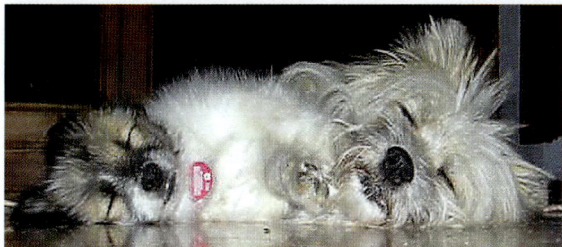

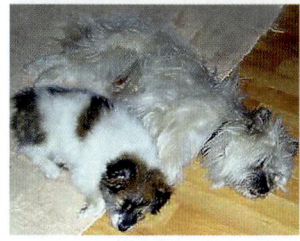

Jahaaaaaa, und Missverständnisse gibt es natürlich auch. Vielleicht sollte man von Anfang an seine Kommando-Worte anders zusammenstellen. Der Unterschied von „NEIN" und „FEIIN" ist auch nicht wirklich riesig. Hier können Sie nur etwas nachhelfen, indem Sie das „NEIN" tief, barsch und schnell sprechen, das „FEIIIIIN" hingegen in die Länge ziehen und dabei Ihre Stimme etwas höherstellen. Ich gebe zu, dass ich da manchmal bei Hunde-Herrchens schmunzeln muss.

Ein wunderbares Beispiel habe ich noch zu dem Befehl „AUF" – heißt bei mir, sie dürfen ihre jeweilige Position verlassen" (stimmt, manchmal sage ich auch „OKAY"). Hier jedenfalls geht es um den Befehl „AUF":
Ich gelte als vergesslich, habe sogar mal die Hunde im Garten vergessen, als ich mit ihnen im Auto zum Spazierpunkt fahren wollte. Jahaaa. Habs aber fast gleich schon

im Nachbarort gemerkt *räusper*. Ich sage Ihnen, wie heiß und kalt es mir da wurde. Ich fuhr natürlich sofort wieder heim. Da saßen sie doch tatsächlich alle - bei offenem Tor - im Garten. Mit den entrüstetsten Blicken, die ich je in meinem Leben gesehen habe *breitgrins*.

Nun aber echt zur Sache: Ich komme am Spazierpunkt an (diesmal gleich mit den Hunden im Auto). Aber, ich hatte die Leinen vergessen. Mist. Da die Fläche jedoch gut zu überblicken war, habe ich den Gang gewagt. Hat auch auf dem Hinweg gut geklappt. Sie hören ja gut. Haben sie auch. Im wahrsten Sinne des Wortes: Ich sah auf dem Rückweg in einiger Entfernung eine Frau mit Hund. Als sie näher kamen, erkannte ich, dass der Hund an einer Schleppleine war. Shit, jetzt würde es sich als anständiger Hundehalter gehören, seinen Hund, in meinem Falle seinen „Hundehaufen", auch sofort anzuleinen. Aber, falls Sie es zwischenzeitlich wieder vergessen haben, ich hatte die Leinen vergessen........

Okay dachte ich mir, und rufe „FUSS". Klappte. Ich war noch ungefähr 30 Meter von meinem Auto weg, das an der Wegkreuzung stand. Die Frau bleibt an der Kreuzung stehen und gibt mir ein Zeichen, dass sie mir entgegenkommen möchte. Gut. Ich ließ all meine Hunde ins Sitz gehen. Klappte. Nun riefen wir uns zur weiteren Abhandlung der Sachlage ein paar Sätze zu. Den fränkischen Dialekt erspare ich Ihnen jetzt.

Sie: „Ich möchte nun diesen Weg gehen!" Und deutet dabei in meine Richtung. Ich: "Ja, ist kein Problem. Ich habe nur leider meine Leinen vergessen, wir müssten noch die paar Meter zu meinem Auto". Mir fiel auf, dass ich die Frau schon mal in der Hundeschule erlebt hatte. Also nein, eigentlich eher den Hund. Die erkenne ich alle wieder, wenn ich sie ein Mal gesehen habe. Menschen leider nicht so. In der Hundeschule jedenfalls lernt man als erstes, dass es zwischen Hunden keine Kontakte an der Leine geben soll. Erst Recht nicht, wenn einer angeleint, und der andere frei ist (in diesem Fall gleich mehrere frei sind.) Hat auch etwas mit Frustaushalten zu tun. Und, entspannender Nebeneffekt ist wieder, dass der Hund später nicht ständig zu jedem anderen Hund an der Leine ziehend und keifend hinwill. Auch gibt es unter Hunden wesentlich mehr Auseinandersetzungen, wenn sie an der Leine sind. Oft ist der Leinenhalter unbewusst der „Unterstützer". Bei kleinen Hunden kann das Größenwahn auslösen, ein eh schon großer Hund kann zum Riesenungetüm mutieren.

Spielespaß bei den „Kreimendahlsrabauken"

Jedenfalls sagte die Frau dann: „Wissen Sie, ich kann meinen nicht losmachen, der ist dann sofort weg". Und ich fragte dann – habe den Satz auch zu Ende bekommen, konnte aber null mehr auf das dann Entstehende eingehen – , ich fragte: "Sind Sie nicht auch in der Hundeschule Fürth?" Und sah nur noch – ohne Worte und jegliche

Regung von mir – wie meine Hunde plötzlich losschossen. Auf den anderen Hund zu. Es war Gott sei Dank nicht wirklich tragisch, da keiner der Hunde auf Stress aus war. Das weiß ich ja von meinen, aber die Gegenseite konnte das nicht wissen. Das ging so schnell, ich schaffte gerade mal Luft zu holen, zu mehr kam ich einfach nicht.

Habe mich auch gleich entschuldigt, war schon peinlich. Was war passiert???
Meine Hunde hatten das Gespräch gaaanz genau verfolgt – und als ich sagte „sind Sie nicht au.......ch in der Hundeschule... rasten sie los. Das war für sie die Auflösung – „AU.....“F“ - ich darf die Position verlassen - und „au.....ch“, das eigentliche Wort. Konnte mir so richtig vorstellen, wie meine alle, in einer Reihe sitzend, ausgemacht haben: Sollte Frauchen auch nur etwas ähnliches wie ein Auflösungswort sagen, rennen wir los. Wir handeln ja dann schließlich auf Befehl. Toll. Ganz sicher dachten sie das. Ganz sicher. Und sie werden immer wieder grinsen, wenn sie sich über diese Geschichte unterhalten. Ganz sicher. Diese Hundebande.

Ürigens meinte die Dame während des Gespräches noch: „...ach, da hat mir die Hundeschule auch nichts gebracht“... . Ich jedenfalls weiß, was wir dort als nächstes verstärkt üben werden *grummel*.

Ronny und Joschi

Balu und Shisha

Auch bei dem Grundsatz „keine Leinenkontakte" mach ich im wahren Leben ab und an eine Ausnahme: Wenn sich zum Beispiel zu einem Spaziergang mit vielen anderen Hundebesitzern getroffen wird. Manche dürfen aus bestimmten Gründen nicht von der Leine, andere eben doch. Auch wenn ich einmal im Jahr die hiesige Hunde-Ausstellung als Gast besuche. Da ist es so eng, dass man Leinenkontakte überhaupt nicht vermeiden kann. Trotzdem gehe ich mit Hund dorthin und bisher wurde ich dabei auch noch nie Augenzeuge einer wirklich heftigen Auseinandersetzung. Auch wenn mir Bekannte mit Hund an Leine begegnen, lasse ich mit dem Wort „OKAY" Leinenkontakte zu.

Luis und ein mallorquinischer Mülltonnenwelpe

Ist schon ne Schweinerei, wie manche mit Tieren umgehen

Bleiben Sie in der Hundeerziehung heiter, gelassen, eindrucksvoll und entschlossen

Denn sowohl verbissen, als auch leidenschaftslos, wird das nämlich nix!

Das Wort, das meine Hunde am meisten hassen? Jahaaa, gibt es natürlich auch: Es ist das Wort „GLEICH". Da fällt ihnen alles aus dem Gesicht. Die Ohren hängen, der Schwanz hängt, das Fell hängt, alles hängt. Denn sie wissen, „GLEICH" heißt bei mir immer „... Stunden später..." .

Was hat sie gesagt?

Nur das Wort „GLEICH".

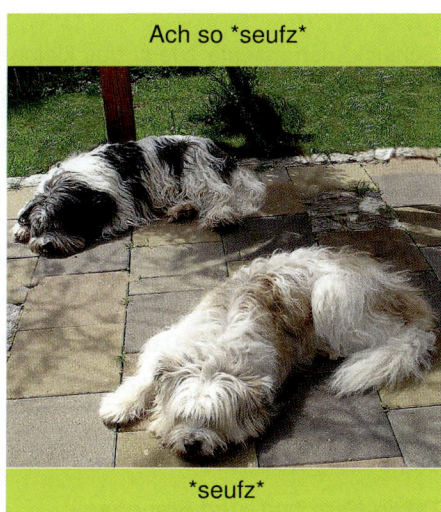

Ach so *seufz*

seufz

Jetzt haben Sie ein paar neue Einblicke in die heutige Welt eines deutschsprachigen Familienhundes bekommen. Und Sie können mit Ihrem „neuerworbenen Klick" in die gewünschte Richtung gehen. Entscheiden Sie sich, es wird der richtige Weg sein. Viel Erfolg, ich drücke die Daumen. Dann wird es schon bald viele entspannte schöne Jahre mit Hund geben. Das hat so viel Herzenswärme – es lohnt sich alles wirklich!

Samstag, 29. Mai, der 21. Tag ohne Takeo.

Der Postbote steht vor der Tür mit zwei Päckchen. Das eine hatte den Absender von Takeos Besitzern. Auf dem anderen stand „Frische Blumen".

Schluck. Ich machte zuerst das kleine Päckchen auf. Drin war das Halsband, dass Takeo von uns um hatte, da sein Geschirr ja viel zu klein geworden war. Und eine Karte:

Hallo Simone,

mittlerweile ist Takeo seit fast 3 Wochen wieder bei uns und es ist wunderbar! Paul hat uns mal für zwei Stunden besucht, das war alles, den „Rest" lernen wir in der Gruppe. Vielen Dank noch mal für Deine Unterstützung! Wir hoffen, die Blumen sind bei dir angekommen!?

Herzliche Grüße

Takeo-Herrchen- und Frauchen.

Uiii, darüber habe ich mich echt ganz, ganz arg gefreut!!!

Sonntag, 30. Mai, meine Rückmeldung per Mail an Takeo-Leute:

>Ja hallo,

>vielen, vielen Dank für den schönen Blumenstrauß! Er kam echt zeitgleich mit der
>Karte und dem Halsband an. Super Timing. Anbei ein Beweisfoto.
>Freut mich sehr, dass ihr jetzt besser klarkommt und würde mir wünschen,
>ab und an mal von euch dreien was zu hören.

>Viele Grüße

>Simone Wagner und die Wauzis aus der Zuchtstätte
>http://www.elo-von-werths-echte.de

Bestimmt wird auch die Zeit kommen, in der wir wieder völlig wert(h)frei miteinander telefonieren können – und dürfen eines Tages den kleinen „Helden" mit seiner Familie besuchen.

Jou, Shisha. Und von wenig kommt auch nicht viel.

Anmerkung der Redaktion: Die Meersäuin Blackfoot hat leider keine Babys vom Meereber bekommen. Dabei ist Tschilly ganz sicher ein Männchen – und sie ganz sicher ein Weibchen. Und ganz sicher sind beides Meerschweinchen. Schade.

Dafür hat Blackfoots Herrchen entschieden: Da er noch Tochter und Ex-Mann von Blackfoot hat, kann sie bei uns bleiben. Na dann...

ENDE

Seite 67:
Warum meint ihr, dürfen sie nicht in unserem Gartenteich schwimmen?
„NEIN" heißt: Gerade vom Hund Gedachtes, was er als nächstes tun will, jetzt nicht zu erlauben. Jedes Mal ein „NEIN" und ihn abhalten vom Reinspringen = er begreift, was „NEIN" bedeutet . Zusätzlich lernt er, Frust im eigenen Reich auszuhalten. Es gibt x weitere Möglichkeiten, ihm das „NEIN" beizubringen. Nur die menschliche Umsetzung ist wichtig. Hat er das durch Ihre Unermüdlichkeit in diesem Punkt verstanden, kann man ihm später durch „NEIN" etwas verbieten, das aber am nächsten Tag mit einem „OKAY" erlaubt werden kann.

Seite 70:
Aus welchem Grund könnte das Ausgrenzen im Haus aus einem bestimmten Bereich (ohne dass man eine Tür schließt) für viele weitere Gegebenheiten im späteren Hunde-Menschen-Zusammenleben wichtig sein?
„NEIN" heißt: Gerade vom Hund Gedachtes, was er als nächstes tun will, jetzt nicht zu erlauben. Jedes Mal ein „NEIN" und ihn abhalten vom Reingehen oder sofortiges wieder nach draußen bringen = er begreift, was „NEIN" bedeutet . Zusätzlich lernt er, Frust im eigenen Reich auszuhalten. Es gibt x weitere Möglichkeiten, ihm das „NEIN" beizubringen. Nur die menschliche Umsetzung ist wichtig. Hat er das durch die „Klick"-Konsequenz verstanden, kann man ihm später durch „NEIN" etwas verbieten, das aber am nächsten Tag mit einem „OKAY" erlaubt werden kann.

Seite 70:
Warum glaubt ihr, könnte die Futternapf-Übung wichtig sein?
Er lernt zu „fragen", in dem er einem direkt in die Augen schaut. Durch die zehntel Sekunde, in der er nicht ans Futter gelangt, dann zufällig einem in die Augen guckt und sofort freigegeben wird. Es gibt x weitere Möglichkeiten, ihm „fragen" beizubringen. Hat er das durch Ihre Unnachgiebigkeit verstanden, kann man ihm später durch „NEIN" etwas verbieten, das aber am nächsten Tag mit einem „Okay" erlaubt werden kann.

Seite 75:
Was kann ich durch diese Anlein-Futter-Übung im eigenen Zuhause bei einem Hund erreichen?
Er lernt zu „fragen", in dem er einem direkt in die Augen schaut. Durch die zehntel Sekunde, in der er nicht ans Futter gelangt, dann zufällig einem in die Augen guckt und sofort freigegeben wird. Zusätzlich lernt er, Frust im eigenen Reich auszuhalten. Es gibt x weitere Möglichkeiten, ihm „fragen" beizubringen. Hat er das durch die Ihre Beharrlichkeit verstanden, kann man ihm später durch „NEIN" etwas verbieten, das aber am nächsten Tag mit einem „OKAY" erlaubt werden kann.

Seite 77:
Warum habe ich ihn nicht zu der Katze gelassen?
„NEIN" heißt: Gerade vom Hund Gedachtes, was er als nächstes tun will, jetzt nicht zu erlauben. Jedes Mal ein „NEIN" und ihn abhalten vom Ziehen = er begreift, was „NEIN" bedeutet. Zusätzlich lernt er, Frust auch außerhalb unter Ablenkung auszuhalten. Der Hund begreift nur durch Ihre Nachhaltigkeit in der Übung, was ein „NEIN" bedeutet. Es gibt x weitere Möglichkeiten, ihm das „NEIN" beizubringen. Nur die menschliche Umsetzung ist wichtig. Hat er das durch Ihre Entschlossenheit verstanden, kann man ihm später durch „NEIN" etwas verbieten, das aber am nächsten Tag mit einem „OKAY" erlaubt werden kann.

Seite 80:

Warum habe ich die Zeit am Nachmittag nicht noch genutzt, sondern einen Erziehungsstopp eingelegt?

Da der Welpe an dem Tag viel getobt und auch Erfahrung gesammelt hat, ist er sowohl körperlich als auch geistig nicht mehr in der Lage, sich etwas merken zu können – geschweige denn ernsthaft aufpassen zu wollen, was ich denn nun noch von ihm will. Am nächsten Tag also alles ne Spur ruhiger halten, dafür kann man wieder ein paar Übungen festigen. Es gibt x weitere Möglichkeiten, wie Sie das richtige Gleichgewicht finden.

Seite 83:

Wieviel Zeit und in welcher Ausdehnung habe ich nun an diesem Tag für Takeo „geopfert" ?

Für Übungen in der Anfangsphase wirklich nur Sekunden verwenden. Dies zwei, drei Mal über den Tag verteilt, gepaart mit kurzer Zuwendung zusätzlich, plus kurzen Gassi-Gängen sind maximale Gesamtzeit von höchstens 40 Minuten! Je älter der Hund, desto länger wird die Gesamtzeit, da ja längere Spaziergänge bzw. andere Unternehmungen hinzukommen.

Seite 85:

Warum übe ich jetzt die Regel mit der Terrassentür im eigenen Reich?

„NEIN" heißt: Gerade vom Hund Gedachtes, was er als nächstes tun will, jetzt nicht zu erlauben. Jedes Mal ein „NEIN" und ihn abhalten vom eigenständigen Handeln = er begreift, was „NEIN" bedeutet. Zusätzlich lernt er, Enttäuschungen im eigenen Reich auszuhalten. Der Hund begreift nur anfangs durch Ihre unermüdliche Hartnäckigkeit in bestimmten Momenten , was ein „NEIN" bedeutet. Es gibt x weitere Möglichkeiten, ihm das „NEIN" oder „OKAY" beizubringen. Nur Ihre Umsetzung ist wichtig. Durch das Beispiel mit der Tür – egal welche, kann auch die Balkontür oder Eingangstür im Mietshaus sein – wird die Abhandlung „klares NEIN" für Sie gegenständlicher und deutlicher.

Seite 108:

Was ist denn der eigentliche Grund, warum viele Menschen ihre Hunde nicht in die Gesellschaft mitnehmen können?

Verschiedene Lebensumstände wurden nie standhaft geübt. Nicht nachgedacht, welche Möglichkeiten sich täglich dafür bieten. Nach einem Fehlversuch wurde aufgegeben. Der Hund begreift nur durch Ihre Beständigkeit und Geduld, dass man Veränderungen meistern kann.

Seite 124:

Warum habe ich Takeo noch mal vom Auto zu mir gerufen?

Der Hund lernt, die wirkliche Sicherheit habe ich nur bei meinem Menschen. Wenn er bei seinem Menschen ist, ist er sicher und kann entspannen. Sie bieten ihm den Schutz vor allen Begebenheiten, in denen er sich unwohl fühlt.

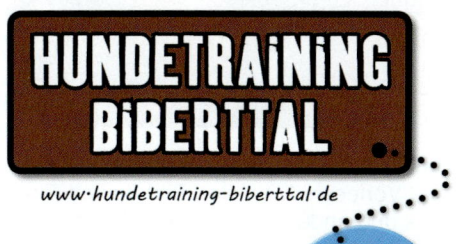